"十四五"职业教育国家规划教材

中等职业教育计算机专业系列教材

SHUJUKU JICHU JI YINGYONG
——MySQL

数据库基础及应用
——MySQL

第二版

■ 主 编 周宪章
■ 副主编 黄文胜 刘国纪
■ 参 编 吴万明 程 清 张守帅

ZHONGDENG ZHIYE JIAOYU
JISUANJI ZHUANYE XILIE JIAOCAI

重庆大学出版社

图书在版编目(CIP)数据

数据库基础及应用：MySQL /周宪章主编. -- 2 版
. -- 重庆：重庆大学出版社，2023.8(2024.7 重印)
中等职业教育计算机专业系列教材
ISBN 978-7-5689-2775-8

Ⅰ.①数… Ⅱ.①周… Ⅲ.①关系数据库系统—中等
专业学校—教材 Ⅳ.①TP311.132.3

中国国家版本馆 CIP 数据核字(2023)第 131284 号

中等职业教育计算机专业系列教材
数据库基础及应用——MySQL
第二版

主 编 周宪章
副主编 黄文胜 刘国纪

责任编辑:章 可 版式设计:章 可
责任校对:刘志刚 责任印制:赵 晟

*

重庆大学出版社出版发行
出版人:陈晓阳
社址:重庆市沙坪坝区大学城西路 21 号
邮编:401331
电话:(023) 88617190 88617185(中小学)
传真:(023) 88617186 88617166
网址:http://www.cqup.com.cn
邮箱:fxk@ cqup.com.cn(营销中心)
全国新华书店经销
重庆正文印务有限公司印刷

*

开本:787mm×1092mm 1/16 印张:14.5 字数:294 千
2021 年 8 月第 1 版 2023 年 8 月第 2 版 2024 年 7 月第 6 次印刷
ISBN 978-7-5689-2775-8 定价:45.00 元

数据库技术是中等职业教育计算机类专业的专业基础课程之一,它是任何一个现代信息管理系统必不可少的后台技术,用于实现数据安全有效的管理和服务。数据库技术既是信息技术领域的基础技术,同时也是一门独立的职业技能,是 IT 从业人员的必备技能之一。数据库管理系统是数据库技术的集大成者,学习和应用数据库技术必须依赖数据库管理系统。全球在用的数据库管理系统有数百种之多,广为使用的有 20 种左右,而堪称明星的是 Oracle、MySQL、MSSQL、PostgreSQL、MongoDB、DB2、Redis、SQLite 等。其中,MySQL 是开源软件项目,与 Oracle、DB2、MSSQL 这些大型商业数据库管理系统相比,具有体积小、速度快、成本低的优势,其提供的功能对于中小企业来说绰绰有余,是学习数据库技术与应用的优选平台,掌握 MySQL 后,同样可以轻松过渡到 Oracle、DB2、MSSQL 等商业数据库平台。基于这样的认识,编者以 MySQL 8 为基础,编写了这本面向 MySQL 初学者的教材。

中等职业教育已从注重规模发展转变为走提高内涵发展之路,教学质量的水平是内涵发展的重要内容。以教师、教材、教法为内容的"三教"改革是中等职业教育改革的长期任务。中等职业教育经过多年的改革发展,基本上形成了"以学生为中心、能力为本位"的职业教育理念,以及基于实践能力本位的课堂教学模式,让学生真正在"做中学,学中做"。教师是根本,教材是基础,教法是途径。本教材在开发设计时,把"行动导向"教学法的先进理念融入教材中,全书以"引导文"教学法的思想组织教学内容,教材体例结构新颖,教材内容呈现形式简明、准确、层次分明、逻辑性强。为教师和学习者提供一种有别于传统教材的全新教法和学法体验,能有效促进教师改进教法,提升教学能力水平,促使学习者"做中学,学中做",提高学习效率和学习获得感。

本教材以广泛应用的 MySQL 8 作为数据库技术教学平台,能及时反映数据库技术领域的新知识、新技术和新规范,较少涉及 MySQL 的独有特性,让学习者能顺利迁移到其他主流数据库平台上。教材以一个完整的数据库管理项目贯穿始终,从需求分析、概念设计、逻辑设计、物理设计到数据库的实施和维护,为学习者全面展现了数据库技术应用的核心知识、技能和途径。教材内容由初识数据库、创建数据库环境、体验数据处理、建立数据库、使用数据库、保障数据库安全 6 个项目组成。

项目一　初识数据库:介绍数据库的基本概念、关系数据库的特性及关系数据库的概念设计和逻辑设计。

项目二　创建数据库环境:介绍 MySQL 数据库管理系统的特点、应用领域、前景和环境搭建。

项目三　体验数据处理:介绍 MySQL 支持的各种数据类型、数据运算和库函数的使用。

项目四　建立数据库:介绍数据库物理设计任务与原则,数据库基本数据对象及作用,数据库、数据表、索引的创建和维护。

项目五　使用数据库:介绍数据查询的各种方法,存储过程的建立、维护和使用,建立视图实现数据库外模式设计。

项目六　保障数据库安全:介绍与数据安全相关的技术实现,包括使用触发器、事务管理、用户及权限管理、数据库备份与恢复的实践应用。

教材内容安排和呈现形式上突出了"以学生为中心"的教育理念,教师应是学生学习的组织者、参与者和引领者,要放手让学生去自主探究、发现知识和应用知识,使学生全面参与教学活动,不仅要让学生掌握数据库技术的基础知识和基本技能,更重要的是培养学生在语言、方法、学习和自我管理等方面的完整职业行动能力。教学时可参考以下建议:

1.本教材适于开展理实一体化教学,学习环境需要有及时可获取的实训条件,以在专业的数据库计算机实训室开展教学活动为主,智能手机、平板或笔记本电脑均可打造成移动实训室作为补充以方便教和学。

2.教师应尽可能按教材设计的意图,为学生提供上机实践、记录分析实验数据、归纳获得知识和培养操作技能的机会。把学习的主动权交给学生,还原获得知识的过程,让学生通过活动自主发现知识和拓展能力。

3.教材中的"日积月累",归纳了前面学习活动设计的知识,可作为教学参考,应在学生完成活动内容之后,引导学生去阅读其中的内容。

4.教材中的"眼下留神",提供了富有针对性的建议和提示,可为学生学习提供必要的帮助。

5.教材中的"任务评价",提供了专门的练习,供学生检查、评估学习效果。

6.教材中的"阅读有益",为学生开阔视野、接触数据库技术领域的前沿技术提供必要的引领。

7.教材中的"成长领航",介绍我国的数据库企业和产品,展示我国在数据库领域取得的进步,增强学生的民族自豪感,激发学生的学习热情,坚定学习信心,树立为新时代社会主义经济建设服务的理想。

8.教材提供了 60 个微课视频,可直接扫码观看。全套的教学资源(教案、PPT、微课等)可在重庆大学出版社的网站(www.cqup.com.cn)上下载。

本书由周宪章任主编,黄文胜、刘国纪任副主编。项目一由黄文胜编写,项目二由周宪章编写,项目三、项目六由黄文胜和程清共同编写,项目四由黄文胜和吴万明共同编写,项目五由黄文胜和刘国纪共同编写。武汉达梦数据库股份有限公司的张守帅工程师及其团队为本书的编写提供了技术资料,并审核了教材内容。重庆翰海睿智大数据科技股份有限公司陈继提供了企业的项目案例和企业的岗位能力要求。

编者以审慎的态度对待编写工作的每个细节,但书中仍可能有不足之处,将虚心接受专家和读者的批评、指正。联系方式:hungws@21cn.com。

本书属于重庆市教育科学"十四五"规划2021年度重点课题"课堂革命下重庆中职信息技术'三教'改革路径研究"(课题批准号:2021-00-285,主持人:周宪章)和重庆市2022年职业教育教学改革研究重大项目"职业教育中高本一体化人才培养模式研究与实践"(项目批准号:ZZ221017,主持人:周宪章)的成果之一。

编 者
2023 年 8 月

项目一 / 初识数据库

　　庄生在社区开了一家名为"立生"的小型超市，他诚信经营，服务态度好，超市的生意越来越好，但庄生也发现手工管理超市日常业务越来越困难，不但费时，还经常出错，影响业务开展。于是，他决定引入先进的数据库技术来管理超市日常经营的各项业务，提高超市运行效率和管理水平，为客户提供更好、更及时的服务，提升"立生"超市的竞争力。可面对品类繁多的商品进、销、存业务以及客户、供应商管理，怎样才能把这些经营过程中每天面对的事物转换成能在计算机系统中自动处理的数据，并快速准确反映实际经营情况呢？本项目需要你帮助庄生完成"立生超市管理系统"的需求分析、概念设计、逻辑结构设计，为建立具体的数据库管理系统做好准备。

　　完成本项目后，你将能够：

- 了解数据库技术的特征及相关概念；
- 实施数据库系统的概念设计并绘制 E-R 图；
- 理解关系数据模式的规范化要求；
- 实施关系数据模式的规范化。

本项目的实践，将有助于你：

- 形成主动的数据管理意识；
- 养成为数据技术服务的意识。

本项目对应的职业岗位能力：

- 阅读中小型数据库设计文档的能力。

[任务一]

认识数据与数据库

在本任务中,你将和庄生一起去认识数据和数据管理技术涉及的相关概念,为设计"立生超市管理系统"的数据库打好基础。为此,需要能够:

- 解释对象和数据的相关概念;
- 举例说明数据管理任务及其作用;
- 说明数据库与数据模型的基础概念;
- 描述现代数据库系统的组成与结构。

微课

数据与信息

一、认识对象和数据

人们生活的这个世界中有着无数的事物,有的就在人们身边,有的却离人们很遥远。

请根据生活经验完成下面的内容。

(1)请列举你能想到的生活中的事物或事情。

(2)你使用了哪些形式向他人描述你的所见所闻?尽可能地列出你使用的形式。你能给这些描述事物的形式取一个统一的名称吗?

(3)如果你是电器商场的营销人员,你会采用什么方式快速向顾客介绍商场所销售的电器?

(4)当你在电器商场的广告牌上看见一串大大的数字"1398",你知道它描述的是什么吗?当你走近时,看见广告牌上有一行小字"海尔 BCD-572WDENU1 冰箱今日特价:",你知道这行小字起到了什么作用吗?

日积月累

SHUJUKU JICHU JI YINGYONG
—MySQL
RIJIYUELEI

1.对象（Object）

对象是人们观察研究的客观事物。例如：一所职业学校、一支钢笔、一次车展、一场足球赛等。事物的名称就是对象名，事物所具有的方方面面的特征就是对象的属性。

2.数据（Data）

数据是描述客观世界中各种事物的符号记录。具体地讲，描述事物各种属性的符号串，称为属性的数据值。早期的数据记录形式以文字符号为主，这是数据的文本形式，如5.18、汉字、5&12 $@ ;p9……随着信息技术的发展，数据出现了图形、图像、声音、动画、视频等多种形式。数据总是与对象的某个属性关联在一起，因此，数据的完整表述应是一个<属性名，数据值>对，如<年龄，17>、<姓名，庄生>。

3.数据类型（Data Type）

数据类型是关于数据分类的描述。客观世界的多样性，也导致描述事物的数据具有多样性，为方便对数据进行处理，有必要对数据进行分类。把具有相同特性的数据归为一类就形成了一种数据类型。它规定了一类数据的组织结构、操作和约束条件。因此，一个数据有数据类型和值两个基本要素。

4.信息（Information）

信息是有意义的数据。一个数据必须在一定的语义环境中才有意义。语义泛指与数据关联的事物和应用需求，一般是人为规定的。换言之，信息是具有语义的数据。<属性，数据值>对表示法能很好地把数据和它的语义有机结合在一起。

⁘ 我来挑战

按你对数据的理解写下一部手机和一本书的数据记录，看看哪个记录更能让人明白你表述的内容。

眼下留神

SHUJUKU JICHU JI YINGYONG
—MySQL
YANXIALIUSHEN

- 事物包括两个方面的含义："物"是指客观存在的物品、物件；"事"是指物与物之间相互作用而发生的事件，或者是物物之间的联系。
- 对象既可用于指物，也可以用于指物物之间的联系。
- 数据和语义是不可分的，因此，在数据管理中，数据和信息是通用的，都是指具有语义的数据。

二、数据处理与数据管理

数据只有经过一定程序的处理后才能产生价值，数据处理的结果（当然也是数据）是组织进行决策的重要依据。如何管理好数据是一个组织最为基础的工作。请根据自己的生活经历并查阅相关资料,完成下面的内容。

(1)写下你所知道的或你理解的有关数据处理的各种操作。

(2)你知道数据管理要做哪些事吗？请举例说明。

微课

数据管理技术的
发展

日积月累

SHUJUKU JICHU JI YINGYONG
—MySQL
RIJIYUELEI

1.数据处理

数据处理是指对数据进行的采集、记录等,使数据经加工后产生价值,即数据转换成信息的过程。 数据处理过程包括对数据的采集、转换、分类、组织、存储、计算、排序、检索和传播等一系列操作活动。

2.数据管理

数据管理是数据处理的核心工作,具体包括数据收集、组织、存储、维护、检索、传送等操作。 数据管理的基本目的是提高数据的独立性、降低数据冗余度、提高数据共享性、提高数据安全性和完整性,并提供数据访问接口和数据服务,从而能更加有效地管理和使用数据。 数据库技术就是一种数据管理技术。

3.数据管理技术的发展

数据管理技术的发展见表 1-1。

表 1-1　数据管理技术的发展

发展阶段	数据存储	管理方式	特点
人工管理	卡片、纸带以打孔方式表示,后期出现磁带记录数据,以顺序方式访问数据	数据直接编入应用程序代码中	数据与应用程序不可分割,不具独立性,一次性使用,数据不能共享,效率低
文件管理	磁鼓、磁盘等随机存储设备	文件系统(操作系统的一个功能模块)管理数据,数据以独立的文件形式存储在文件系统中	数据与应用程序在物理上独立,但逻辑上仍有较强的依赖关系。数据有一定的独立性和共享性,但冗余度高

续表

发展阶段	数据存储	管理方式	特点
数据库管理	大容量存储设备：硬盘、光盘等	出现独立于操作系统的数据库管理系统（DBMS）专门完成数据的管理和控制	数据面向整个应用系统，不依赖任何具体的应用程序，具有高独立性和共享性，降低了冗余度，保证数据一致性和完整性

注：①独立性是指应用程序与数据的依赖关系，分为物理独立性和逻辑独立性。物理独立性是指数据与应用程序以独立文件分别存储；逻辑独立性是指数据的组织和存储结构独立于应用程序。
②共享性是指以数据的独立性为基础，通过公共接口为应用程序提供数据服务的特性。
③冗余度是指数据重复存储的程度。

三、认识数据库和数据库管理系统

一个发展良好的企业或单位离不开对数据的优化、组织、存储和管理。

请阅读下面的材料，结合已有的相关经验，学习数据库、数据模型和数据库管理系统的相关内容，并完成下面的内容。

立生超市在经营中采用了会员消费模式，为了更好地发展会员和保持会员的忠诚度，需要把会员数据妥善保存。为描述会员需要给会员编制一个 ID 号，并记录会员的联系电话、消费总额、送货地址、注册日期等信息。一个会员的数据记录可以为：20180001、17902167513、3890.20、渝中区科园二路 56、2018-9-21。

在超市经营中还涉及员工、商品、供应商等对象和销售、进货、入库等活动，对他们的描述都会生成与上面类似的数据记录。把这些数据存储到计算机系统中并能提供快速的检索是整个超市管理信息系统的基础。

（1）对类似员工、商品、销售这样的对象是否能用单一数据值来描述？

（2）参照上面的会员数据，试写出关于一件商品的数据记录，并写出描述商品数据的一般样式。

（3）根据你的经验,你准备使用什么工具来组织并保存这些数据呢?

（4）对保存的数据,需要进行哪些操作才能保证有效使用这些数据?

日积月累

SHUJUKU JICHU JI YINGYONG
—MySQL
RIJIYUELEI

1.数据库

数据库（Data Base,DB）是指存储在计算机系统中,相关联的、有组织结构的、可共享的数据记录的集合。 它在存储系统中表现为一个或多个数据文件,并由一套专门的数据管理软件实施统一的管理和控制。 数据库中的数据独立于使用它的程序,为多种应用提供服务。

2.数据模型

数据模型是数据抽象的工具。 它从数据结构、数据操作、约束条件 3 个方面定义并描述事物的公共准则。 数据管理全程涉及概念数据模型、逻辑数据模型和物理数据模型 3 种数据模型。 其中,逻辑数据模型分为层次数据模型、网状数据模型、关系数据模型和面向对象数据模型。 数据库是按逻辑数据模型分类的。

3.数据库管理系统

数据库管理系统（Data Base Management System,DBMS）是运行在操作系统之上的一种专门用于数据库管理和控制的软件,如 Oracle、MySQL、DB2、SQL Server 等。 数据库管理系统具有定义、操纵、控制和维护数据的功能,并提供了数据库访问接口,以便用户和应用程序访问数据库中的数据。

4.意识世界的基本概念

意识世界的基本概念见表 1-2。

表 1-2　意识世界的基本概念

概念	描述	示例
实体	客观世界中存在可相互区分的事物,包括事物之间的联系。实体（Entity）也称为对象（Object）	商品、生产商、顾客、汽车、合同、选购、演讲等

续表

概念	描述	示例
属性	实体具有的特性。通过列举实体的属性（Attribute）来描述实体自身,描述一个确定实体的属性数据组合成为一条数据记录,简称记录（Record）,构成记录的每个属性数据称为一个字段（Field）。 属性包括属性名和属性数据值两个内容。 在数据库中属性名也可称为字段名,对应属性的数据称为字段的值	商品可以通过序列号、商品名、品牌、型号、定价等属性描述,如S4D738009、手机、华为、Mate40、5500
域	属性的取值范围。属性的域（Domain）与具体的语义规定有关	如100分制的考试中,每科成绩的取值范围是0~100
实体型	对具有相同属性的一类实体的特征和性质的描述,通过实体名和属性名的集合来表示一类实体	商品的实体型（Entity Type）可表示成:商品(序列号,商品名,品牌,型号,定价)
实体集	满足同一实体型要求的所有实体的集合	一个商场里所有的商品是一个实体集（Entity Set）,所有的员工也是一个实体集
码	在实体的属性中能唯一标识实体的属性集称为码或键（Key）。码可以是单一属性,也可以是属性组。当一个实体有多个属性或属性组都可以充当码时,称它们为候选码,实际应用中,选择其中之一作为主码	商品的序列号属性对每件商品来讲有唯一的取值,因此,序列号可作为商品的主码。对于员工,员工号和身份证号都能唯一标识员工,它们是候选码,在实际应用中,根据需求选择其一作为主码
主属性	包含在候选码中的属性称为主属性（Prime Attribute）,其他属性称为非主属性（Non-prime Attribute）	商品实体中的序列号是主属性,员工实体中的员工号和身份证号都是主属性
联系	实体集之间及其实体集内部实体之间数量的对应关系称为联系（Relationship）。 两个实体集之间的联系称为二元联系。数据库系统中绝大多数联系都是二元联系。 二元联系包括一对一联系,一对多联系和多对多联系,分别记为 1:1、1:n、m:n。 联系也是一种实体,可以有自己的属性。对于一对一联系,联系的属性可以移动到联系的任何一方,其主码可由任一方实体的主码充当;对于一对多联系,联系的属性可以移动到多方,其主码由多方实体的主码充当;对于多对多联系,其属性不能移动到任何一方,其主码由双方实体的主码共同构成	班主任与班级之间是1:1联系,即一个班主任管理一个班级,一个班级受一个班主任管理。 驾校与学员之间是1:n联系,即一个驾校招收多名学员,但一个学员只能在一个驾校接受训练。 零售商与批发商之间是m:n联系,即一个零售商从多个批发商进货,一个批发商也可为多个零售商供货

注:信息世界也称为意识世界、概念世界。

眼下留神 SHUJUKU JICHU JI YINGYONG —MySQL YANXIALIUSHEN

- 机器世界通过信息世界实现对现实世界的反映。
- 实体之间的联系本身也是一种实体，可以有属性。除多对多联系，联系的属性可移动到关联实体中去，以减少数据库中实体的数目。
- 码是能够唯一标识实体集中每个实体的属性或属性组。码又称为键或候选码，它可以有多个，需要选择其中一个作为主码（主键）。极端情形下，一个实体的所有属性构成主码，称为全码。

四、数据库系统的组成与结构

数据库系统是一个基于数据库的管理信息系统，如交通领域的售票系统、医院的诊疗管理系统、停车场收费系统等。请根据生活体验或调研了解数据库系统的组成和运行，然后完成下面的内容。

(1)写出你所知道的数据库系统的实例。

(2)据你的观察，数据库系统由哪些部分组成？各自有什么作用？

(3)向行业专家请教，数据库中的数据是否只能支持某一专门的应用，可否支持多种应用？它们是如何实现的？

日积月累　SHUJUKU JICHU JI YINGYONG —MySQL RIJIYUELEI

1.数据库系统的概念

数据库系统（Data Base System，DBS）是基于数据库技术，面向各行业数据管理的应用软件系统，如财务管理系统、火车售票系统、股票交易系统、银联管理系统、校园卡管理系统等。 它由数据库、数据库管理系统、数据库应用系统、数据库管理员和用户组成。

数据库应用系统是依赖于数据库技术建立的用以满足某一领域数据管理实际需求的应用软件，它一般提供友好的用户操作界面以方便非数据库专业人员使用。 数据库管理员是负责对数据库进行全面管理和控制的工作人员，对数据库系统的建立、管理、维护和控制负有重要责任。

2.数据库系统的体系结构

现代数据库系统通常采用三级数据模式结构，其逻辑结构如图 1-1 所示。

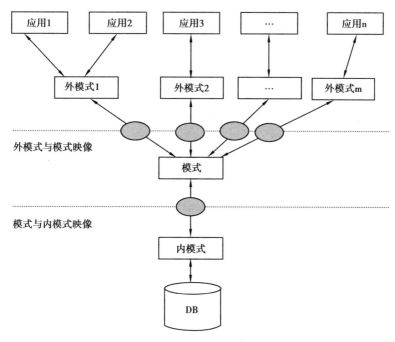

图 1-1　现代数据库体系结构

3.数据模式的概念

数据模式是依据某种数据模型对数据库管理系统中某一类数据共同的结构和特征进行的说明，即对这类数据型的描述，不涉及具体的数据值。

例如：商品(商品编码,商品名,定价)是描述商品相关数据的一个数据模式，是商品这种数据的数据类型。 而

"nd001" ,"电扇",146

"xf219" ,"球鞋",219

"sw222" ,"苹果",7.89

则是以该数据模式为模板对具体的商品进行描述生成的数据记录，也称为数据模式的一个实例。

4.数据模式的分类

（1）逻辑数据模式

逻辑数据模式简称模式，它是数据库中对全体数据的逻辑结构和特征的描述。它是所有用户程序的公共数据视图，不涉及数据的物理存储和硬件环境，与具体的应用程序无关，一个数据库只有一个模式。模式设计是数据库设计的核心和关键，它不仅要定义数据的逻辑结构，还要定义与数据相关的安全性、完整性和数据之间的联系。

（2）外模式

外模式是关于特定用户应用程序相关数据的逻辑结构和特征的描述。外模式是以模式为基础面向具体应用构建的，是模式的子模式，也称为用户模式。

由于应用要求不同，一个数据库可以有多个外模式，一个外模式可被多个应用使用，但一个应用只能使用一个外模式。

（3）内模式

内模式是对数据的物理存储结构的描述，包括数据的存储方式、检索、压缩、加密等方面的描述。

5.现代数据库系统的体系结构特点

采用三级模式，提供了外模式与模式、模式与内模式之间的两层映像，实现了数据的逻辑独立性和物理独立性。

当模式改变时，通过修改外模式与模式的映像来保证外模式不变，从而避免修改应用程序，保证数据的逻辑独立性。而当存储结构发生变化时，只需对模式与内模式的映像进行修改来保证模式不变，保证了数据的物理独立性。

∷ 我来挑战

（1）你能向他人解释数据模型和数据模式吗？

（2）请说明顾客和商品这两个实体之间属于什么联系？

（3）以商品为例，说明什么是实体型和实体集。逻辑数据模式与实体型是什么关系？实体集与记录有联系吗？

▶任务评价

一、填空题

1.数据管理中的对象是指_____,属性则是_____。

2.通过_____和_____的结合,可以建立数据的语义。

3.一个数据不但和某个属性关联,还具有_____和_____两个基本要素。

4.数据库技术的发展经历了_____、_____、_____3个阶段。

5.数据记录一般由描述对象的_____组成。

6.人们在头脑中反映和解释客观事物的过程称为_____。

7.数据模型从_____、_____、_____3个方面定义描述事物的公式准则。它是进行_____的工具,是_____的核心。

8.逻辑数据模型有_____、_____、_____、_____。

9.DBMS 的中文全称是_____。

10.键是指_____。

11.实体之间的联系有_____、_____、_____3 种。

12.数据库系统由_____、_____、_____、_____组成。

13._____是数据库设计的核心。

14.现代数据库系统的体系结构是_____。三级数据模式分别是_____、_____、_____。

15.现代数据库系统的体系结构实现了数据库的_____和_____独立性。

二、选择题

1.从现实世界到意识世界的抽象将使用的数据模型是(   )。

  A.机器数据模型 　　　　　　　B.逻辑数据模型

  C.概念数据模型 　　　　　　　D.关系数据模型

2.在数据库系统设计中,设计的核心是(   )。

  A.外模式 　　　B.模式 　　　　C.内模式 　　　　D.数据库

3.下列关于数据的说法,正确的是(   )。

  A.一切符号记录都可称为数据 　　　B.信息是数据,数据也称为信息

  C.数据是由数字组成的符号串 　　　D.图像、声音和视频不是数据

4.数据管理技术中,对程序和数据依赖性最强的是(   )。

  A.数据库管理 　　　　　　　　B.大数据管理

  C.人工管理 　　　　　　　　　D.文件管理

5.数据库系统的英文简称是(   )。

  A.DB 　　　　　B.DBA 　　　　　C.DBMS 　　　　　D.DBS

6.使用二维表作为数据结构的数据模型是(　　　)。

   A.关系数据模型　　　　　　　　B.层次数据模型

   C.网状数据模型　　　　　　　　D.对象数据模型

三、判断题

1.只有数字才能表示数据。　　　　　　　　　　　　　　　　　(　　　)

2.数据库是操作系统管理的数据文件。　　　　　　　　　　　(　　　)

3.数据模型就是数据类型。　　　　　　　　　　　　　　　　(　　　)

4.实体之间的联系也可称为实体。　　　　　　　　　　　　　(　　　)

5.一个实体集中可以有多个键,但主键只有一个。　　　　　　(　　　)

6.数据就是信息。　　　　　　　　　　　　　　　　　　　　(　　　)

7.数据处理就是对数据进行运算。　　　　　　　　　　　　　(　　　)

8.逻辑数据模型是数据库设计人员与用户交流的工具。　　　　(　　　)

9.数据库设计的核心是设计逻辑数据模式。　　　　　　　　　(　　　)

10.通过使用外模式实现了数据的逻辑独立性。　　　　　　　(　　　)

四、简述题

1.说明数据和信息的区别和联系。

2.现代数据库管理系统是怎样实现逻辑独立性的?

3.分析下列实体之间的联系。

(1)驾校学员与驾校

(2)手机号与微信号

(3)顾客与商场

[任务二]

走进关系型数据库

    通过调研,庄生决定采用关系型数据库的相关技术来支持"立生超市管理系统"的数据存储和业务数据处理。在本任务中,你将和他一道去了解关系型数据库的相关概念,为"立生超市管理系统"的数据库模式设计打下基础。为此,需要你们能够:

- 描述关系型数据库的基本概念;
- 解释关系数据模型的组成要素。

一、认识关系

关系是一种组织数据的结构,从逻辑上看它是一个二维表。该二维表仅由单一的行、列组成,不能出现行中有行、列中有列的情形。表格是人们常用的组织和处理数据的工具,表 1-3 和表 1-4 都记录了顾客的基本信息,观察并思考后,请完成下面的内容。

微课

关系、记录和字段

表 1-3　顾客基本信息表 1

顾客号	姓名	性别	电话
v711	陈生	男	1332＊＊＊＊421
vo09	韦任	男	1353＊＊＊＊253
a165	梁之	女	1387＊＊＊＊309

表 1-4　顾客基本信息表 2

顾客号	姓名	性别	电话	
			移动	固定
v711	陈生	男	1322＊＊＊＊421	89213467
vo09	韦任	男	1353＊＊＊＊253	57451190
a165	梁之	女	1387＊＊＊＊309	61309765

(1)表 1-3 和表 1-4 所示的两个二维表,哪一个可用于表示关系?请说明理由。如果有不能表示关系的,怎样改造可满足关系的要求?

(2)在表 1-3 中,将第一行各列的名称写在一对括号里,并在括号前面写上"顾客"以示标记,记录放在下面,然后分析它所起的作用。

(3)在表 1-3 中,从第 2 行开始的每一行数据有什么用?试着给每一整行数据取个名称,给一行中的某列数据也取个名称,并在图 1-2 中对应位置写出来。

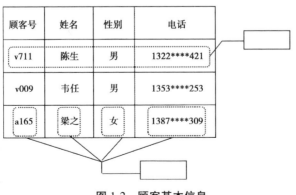

图 1-2　顾客基本信息

（4）请观察表1-3中各列的数据值，它们有何特点？每列的数据值是否受到某种限制？如"电话"一列的数据值中允许出现字母吗？写出"性别"一列的取值范围。

（5）在关系表中，出现两行完全相同的数据记录是无意义的，也是禁止的。请分析表1-3和表1-5，哪些列（或者列的组合）的值可以唯一地确定一行数据？

表 1-5　商品选购信息表

顾客号	商品编码	数量
v711	xf219	2
a165	nd001	5
a165	xp713	1
v009	xf219	7
v711	nd001	2

（6）根据表1-3和表1-5提供的信息，要怎样才能知道购买某一商品的顾客姓名？两个表中的哪个列起到了纽带作用？

日积月累　SHUJUKU JICHU JI YINGYONG —MySQL RIJIYUELEI

1.关系（Relationship）

关系是数据库技术中组织数据的一种数据结构，逻辑结构上是一个由行和列组成的二维表。一个关系描述一个实体集或一个实体集之间的联系。关系是实体集中实体数据记录的集合。

2.记录（Record）

关系二维表中除表头之外的每一行称为一个记录（也称为元组）。记录由二维表中同一行上每列的数据值组成，描述了实体集中的某个具体实体。例如，（"a165"，"梁之"，"18876312309"）是一个记录，描述顾客梁之的基本信息。

3.字段（Field）

组成一条记录的每个列的数据称为字段。字段也称为分量（Component）。字段数据描述实体某一方面的特征信息，其语义由位于表第一行对应的列名定义，二维表的列名就是字段名。字段对应实体的属性。

4.域（Domain）

域是字段的取值范围，是一组具有相同数据类型的数据值的集合，如"性别"字段的域为{"男"，"女"}。

5.候选键（Candidate Key）

在关系中其值能唯一标识一个元组的某个属性或属性组称为候选键，也称为候选码。在表1-3所示的顾客关系中，属性"顾客号"和"电话"的值能唯一标识一个顾客，因此

"顾客号"和"电话"是顾客关系的候选键。 而在表 1-5 所示的选购关系中，候选键是"（顾客号，商品编码）"组成的属性组，单独的"顾客号"或"商品编码"都不具备候选键的职能。

6.主键（Primary Key）

在关系数据库中，建立一个关系对应的数据表时，需要从它的候选键中指定一个来确保关系中的元组互不相同。 从关系的候选键中选出来担当此任的候选键被称为主键，也称为主码。 顾客关系中可以选"顾客号"作主键，当然也可以选择"电话"作主键，而选购关系中只能把"（顾客号，商品编码）"的属性组选作主键。

7.主属性（Prime Attribute）与非主属性（Non-prime Attribute）

主属性是指包含在候选键中的属性，如在选购关系中，"（顾客号，商品编码）"的属性组是候选键，"顾客号"和"商品号"都是主属性。 不包含在候选键中的属性则称为非主属性，如选购关系中的"数量"属性是非主属性。

8.外键（Foreign Key）

外键是指一个关系的属性或属性组，它不是本关系的主键或候选键，但却是另一个关系的主键，则称这样的属性或属性组是本关系的外键。 在选购关系中，"顾客号"不是主键，但它是顾客关系的主键，所以"顾客号"是选购关系的外键，如图 1-3 所示。

主键　　　　　　　　　　　　外键
　　　　　　　　　　　　　　　　　　主键

顾客号	姓名	性别	电话
v711	陈生	男	1322****421
v009	韦任	男	1353****253
a165	梁之	女	1387****309

顾客号	商品编码	数量
v711	xf219	2
a165	nd001	5
a165	xp713	7
v009	xf219	2
v711	nd001	2

顾客关系(主表)　　　　　　　　选购关系(从表)

图 1-3　主—从数据表

9.主表（Master Table）和从表（Slave Table）

同一个属性在一个关系表中是主键，而在另一个表中是外键，则作主键所在的表是主表，作外键所在的表为从表。 如图 1-4 所示，"顾客号"在选购关系表中作外键，而在"顾客关系"表中作主键，因此顾客表是主表，选购表为从表。 外键是从表联系主表的纽带。

10.关系模式（Relation Schema）

关系模式是描述实体集关系或联系集关系的数据型的声明，即关系中元组的结构声明，具体包括由哪些属性组成、属性所属的域，以及属性之间的关系等。

关系模式可简单地用关系名和所包含的一组属性名的集合来表示，并用下划线形式标注关系的主键，一般格式为：

关系名（属性 1，属性 2，属性 3……）

顾客实体集的关系模式可以表示为：

顾客（顾客号，姓名，电话）

关系模式只描述了实体集或联系集的共同特性，不涉及某个具体实体或联系的数据，对应关系二维表的表头。

11.关系实例

在一个给定的关系模式和某个具体的应用中，对实体集或联系集中相关实体或联系进行描述所得到的元组的集合，被称为该关系模式的实例，简称关系实例。 如图1-4所示，同一个顾客关系模式在不同的两个企业应用中产生了不同的关系实例。

关系模式

顾客（<u>顾客号</u>，姓名，性别，电话）

立生超市

顾客号	姓名	性别	电话
v711	陈生	男	1322****421
v009	韦任	男	1353****253
a165	梁之	女	1387****309

关系实例

宜民超市

顾客号	姓名	性别	电话
w001	孙小董	女	1325****423
y723	田国民	男	1333****982
w012	伯明生	男	1353****244
p901	姚天	女	1307****318

图 1-4　关系模式与实例

眼下留神　SHUJUKU JICHU JI YINGYONG —MySQL　YANXIALIUSHEN

- 一个关系可以表示成一个二维表，但一个二维表不一定能表示一个关系。 二维表必须满足一定的条件才能表示关系，即二维表每一列的值是不可再分的数据项（列数据的原子性）且来自同一个域，没有同名的列，也没有完全相同的行；行、列的顺序可以改变。

- 给关系指定主键是关系数据库用于保证数据表中不出现完全相同记录的机制。 一个关系可以有多个候选键，但主键只有一个。 主键根据应用的实际需求从关系的候选键中选取。

- 应用环境的语义会影响属性或属性组是否能成为候选键。

- 关系模式的完备记法是 R（U，D，DOM，F），其中，R 是关系名，U 是组成该关系中属性名的集合，D 是各属性域的集合，DOM 是属性向域的映射的集合（以属性的数据类型和长度表示），F 是属性间的函数依赖关系。 关系模式的简化记法为 R（U），本书采用简化记法。

- 主属性是指包含在候选键中的属性，不要错误地认为是包含在主键中的属性。

- 在不引起混淆的情况下，关系模式和关系实例都统称为关系。
- 数据表与关系术语的对应关系见表 1-6。

表 1-6　数据表与关系术语的对应关系

关系	数据表
关系名	表名
关系模式	表头/表结构
元组	行/记录
属性	列/字段
属性名	列名/字段名
属性值	列值/字段值
分量	一条记录中的一个字段值
关系	一个规范的二维表/元组的集合

　在讨论数据表的操作时，一般使用术语字段和记录，而在分析关系本身时常使用术语属性和元组。

- 主键和外键一起提供了表示关系之间联系的手段。

二、认识关系数据模型

　　人们在学习、科研、生产领域常使用实物模型模拟实际的事物从而进行研究。在数据管理领域，人们也创立模型来模拟和抽象现实世界的数据特征，这种模型就是数据模型。数据模型通过描述数据、数据的组织和操作来实现对现实世界的模拟和抽象。观察图 1-5 所示的关系数据模型的组成，了解关系数据模型的三要素，完成下面的内容。

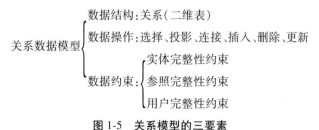

图 1-5　关系模型的三要素

　　（1）关系数据模型三要素中谁是基础？对能表示关系的二维表有什么要求？

（2）观察图 1-6、图 1-7 和图 1-8 所示的数据操作，箭头所指为操作结果，思考这些操作的对象和结果是什么？

顾客号	姓名	性别	电话
w001	孙小董	男	1325****423
y723	田国民	女	1333****982
w012	伯明生	男	1353****244
p901	姚天	男	1307****318

顾客号	姓名	性别	电话
w001	孙小董	男	1325****423
w012	伯明生	男	1353****244
p901	姚天	男	1307****318

图 1-6　选择操作

顾客号	姓名	性别	电话
w001	孙小董	男	1325****423
y723	田国民	女	1333****982
w012	伯明生	男	1353****244
p901	姚天	男	1307****318

姓名	电话
孙小董	1325****423
田国民	1333****982
伯明生	1353****244
姚天	1307****318

图 1-7　投影操作

商品编码	商品名	定价
nd001	电扇	146
xf219	球鞋	219
sw222	苹果	7.89

顾客号	商品编码	数量
v711	xf219	2
a165	sw222	5
a165	nd001	1
a165	sw222	7
v711	nd001	2

顾客号	商品编码	商品名	定价	数量
v711	xf219	球鞋	219	2
a165	sw222	苹果	7.89	5
a165	nd001	电扇	146	1
a165	sw222	苹果	7.89	7
v711	nd001	电扇	146	2

图 1-8　连接操作

（3）实体集中的实体必须是可以相互区别的,那么描述实体集的关系也必须是能相互区分的元组的集合。请思考,如何保证一个关系的元组是互不相同的?

（4）在关系数据模型中,不论是实体集还是实体集之间的联系都统一用关系来描述。如图1-9所示,请思考在描述商品和顾客之间选购联系的关系中,来自关联实体商品和顾客的属性"顾客号"和"商品编码"的值有什么限制?

被参照关系（主表）

商品编码	商品名	定价
nd001	电扇	146
xf219	球鞋	219
sw222	苹果	7.89

商品关系,主键:商品编码

参照关系（从表）

顾客号	商品编码	数量
v711	xf219	2
a165	sw222	5
a165	nd001	1
a165	sw222	7
v711	nd001	2

选购关系,主键:（顾客号,商品编码）

外键:顾客号
　　　商品编码

顾客号	姓名	电话
v711	陈生	1332****421
v009	韦任	1353****253
a165	梁之	1387****309

顾客关系,主键:顾客号

图1-9 外键的取值约束

（5）关系型数据库管理系统内建了关系的主键和外键的取值约束以及任何属性取值范围的约束。如果要实现两个或两个以上属性的取值必须满足的关联约束条件,该如何实现呢?

日积月累　SHUJUKU JICHU JI YINGYONG
—MySQL
RIJIYUELEI

关系数据模型的三要素

1.数据结构

关系数据模型的数据结构是关系。 关系的逻辑结构是一个由通行通列组成的二维表。

2.数据操作

关系数据模型的数据操作都是在关系上进行的,操作对象是关系,操作结果也是关系。常见的关系数据操作包括插入、删除、更新和查询。 其中,查询最常用的操作是选择、投影和连接。

关系数据语言实现了关系数据操作，当前广为应用的是结构化查询语言（Structured Query Language，SQL）。 SQL 语言虽名为查询语言，但它不仅有强大的数据查询（DQL）功能，还实现了数据定义（DDL）、数据操纵（DML）、数据控制（DCL）和事务控制（TCL）的功能，它是关系数据库的标准语言。

3.数据约束

关系的数据约束是指关系完整性约束。 关系完整性约束是指存储在数据表中的数据必须满足的限制性条件，以保证数据库中数据的正确性和相容性。 关系完整性包括实体完整性、参照完整性和用户完整性，其中实体完整性和参照完整性是关系模型必须满足的完整性约束条件。

（1）实体完整性

客观世界中的实体是可以区分、识别的独立个体，它们具有某种唯一的标识。 在关系模式中，以主键作为关系的唯一标识。 实体完整性就是指关系主键的取值唯一且不能为空值（NULL）。

（2）参照完整性

在关系数据模型中，实体及实体的联系都是用关系来描述的，所以实体间的联系就表现为关系之间的联系。 关系之间的联系是通过公共属性来实现的，如图 1-9 所示，其公共属性（"顾客号"或"商品编号"）在一个关系（被参照关系）中是主键，在关联的另一个关系（参照关系）中则是外键。 参照完整性要求关系的外键要么取被参照关系主键已有的值，要么取空值。 在图 1-9 中，选购关系的外键（"顾客号"和"商品编号"）分别取被参照关系中对应主键的值。

（3）用户完整性

用户完整性是针对具体应用的要求，是由用户定义的、关系中的数据必须满足的语义要求和条件。 用户完整性包括基于属性的完整性约束和基于元组的完整性约束。

基于属性的完整性约束又称为域完整性。 域完整性保证关系的属性取值的合理性，即属性值应是域中的值，以及一个属性值能否为空值（NULL）。 域完整性约束是最简单、最基本的约束。 现代的关系型数据库管理系统（RDBMS）内建有域完整性约束检查功能。

基于元组的完整性约束是指两个或两个以上的属性取值必须满足的关联约束条件。 在采购某类冷冻食品时，要求生产日期为 2021 年 3 月 31 日之后，保质期为 60 天以上，这是根据实际应用的语义而制订的基于元组的完整性约束条件，在 MySQL 中通过创建触发器来实现，当插入或更新记录时，RDBMS 将检查元组上的约束条件是否满足，以决定后续操作。

眼下留神　SHUJUKU JICHU JI YINGYONG —MySQL　YANXIALIUSHEN

- 关系中的元组代表实体集中可区分的实体，因此关系中不允许有完全相同的元组存在。 RDBMS 通过建立关系的主键来加以约束，这就是为什么主键的取值必须唯一且不能为空的理由。

- 外键如果在关系中是主键的子属性时，其值就只能取被参照关系中某个记录对应主键已有的值而不能为空值。
- 现代 RDBMS 一般都提供了字段非空值、唯一值和值域约束，以及基于元组约束的用户自定义实现机制。

►任务评价

一、填空题

1. 关系是一种 _____，从逻辑上看它是一个 _____。

2. 关系表中 _____值不可再分，且 _____不可同名。

3. 关系表中同一行的各列数据组成 _____，也称为 _____。

4. 记录中的每个数据称为 _____，也称为 _____。

5. 字段对应实体的 _____，包括 _____、_____、_____3 个基本要素。

6. 候选键是能 _____标识一个记录的 _____或 _____。

7. 一个表中的属性是另一个表的主键，则这个属性称为 _____。

8. 关系模式描述了 _____数据类型。

9. 关系的基本操作有 _____、_____、_____。关系操作的结果是 _____。

10. 关系数据的操作语言是 _____，它具有 _____、_____、和事务控制等功能。

11. 关系完整性约束包括 _____、_____、_____3 个方面。

12. 字段约束一般有 _____、_____、_____3 种。

二、选择题

1. 下列关于二维表和关系的说法，不正确的是( )。

    A.关系的逻辑结构是二维表   B.二维表是关系表

    C.关系表不能有相同的列   D.关系表不能有相同的行

2. 下列关于主键和主属性的说法，正确的是( )。

    A.一个关系只能有一个主键

    B.一个关系只能有一个作为主键的属性

    C.作主键的属性就是主属性

    D.主键属性必须是单属性

3.保证关系表中记录唯一性的是(　　)。

　　A.参照完整性　　　　　　　　　　B.域完整性

　　C.实体完整性　　　　　　　　　　D.用户完整性

三、判断题

1.关系表中的记录不能完全相同。　　　　　　　　　　　　　　(　　)

2.一条记录是关系模式的一个"值"。　　　　　　　　　　　　　(　　)

3.关系的主键不能为空值。　　　　　　　　　　　　　　　　　(　　)

4.关系的键可以取空值。　　　　　　　　　　　　　　　　　　(　　)

5.外键的属性名必须与参照的主键属性同名。　　　　　　　　　(　　)

6.关系描述一个实体集,记录描述一个实体。　　　　　　　　　(　　)

7.关系模式是关系的"数据类型"。　　　　　　　　　　　　　　(　　)

8.触发器可用于实现用户完整性。　　　　　　　　　　　　　　(　　)

四、简述题

1.说明关系运行中投影、选择和连接操作的结果由什么组成。

2.写出描述下列实体的关系数据模式。

　　茶杯　　　　身份证　　　　篮球赛　　　借阅图书

[任务三]

设计关系型数据库

　　本任务中,庄生决定开始"立生超市管理系统"的数据库模式设计。你们将一起分析业务系统的需求,设计出系统的概念数据模型,进而转换成关系数据模式,并根据业务数据处理需求完成关系模式的规范化处理。为此,需要你们能够:

- 分析业务系统的需求并画出数据流图;
- 设计业务系统的概念数据模型 E-R 图;
- 把 E-R 图转换成关系数据模式;
- 规范关系数据模式以符合业务系统的要求。

一、分析并表达业务系统的需求

　　"自顶而下,逐步细化"是结构化分析方法(Structured Analysis,SA)的基本思想。通过对立生超市业务总体目标和业务功能模块进行结构化分析,获得了"立生超市管理系统"的功能需求和数据处理需求。请研读下面提供的材料,完成后面的内容。

"立生超市管理系统"需求分析要点

1. 系统功能模块

系统功能模块如图 1-10 所示。

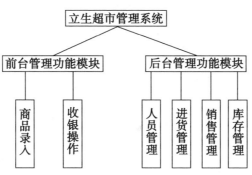

图 1-10　系统功能模块

（1）前台功能

● 商品录入:录入顾客采购的商品信息。

● 收银操作:包含会员优惠、打折优惠、自动计算本次交易的总金额、找零、打印交易单据。

（2）后台功能

● 进货管理:制订进货计划,入库登记,查询计划进货与入库记录。

● 销售管理:正常销售,促销与限量,销售控制,查询销售明细,生成商品销售日/月/年报表。

● 库存管理:查询库存明细,库存状态(过剩、少货、缺货)自动告警,库存盘点计算。

● 人员管理:顾客、会员、供货商、厂商、员工基本信息登记管理。

2. 系统业务数据流图

系统顶层数据流图如图 1-11 所示。

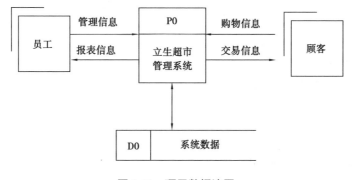

图 1-11　顶层数据流图

系统前台第一层数据流图如图 1-12 所示。

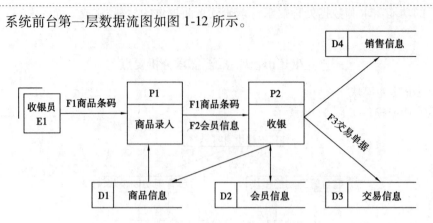

图 1-12 前台第一层数据流图

系统后台第一层数据流图如图 1-13 所示。

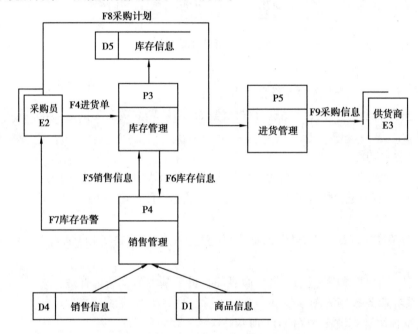

图 1-13 后台第一层数据流图

3.数据字典

（1）数据项

数据项编号：1001；

数据项名称：商品编号；

数据类型：字符型；

数据长度：5；

取值范围：aa000～zz999；

说明：由数字组成，唯一标识每件商品，不能为空值。

......

（2）数据存储

数据存储编号：D1；

数据存储名：商品信息；

组成：商品编号+商品名称+价格+条形码+促销价格+促销起始日期+促销终止日期+允许打折+库存数量+库存报警数量+计划进货数+允许销售+供货商编号；

主键：商品编号；

输入数据流：入库管理、收银；

输出数据流：商品录入、销售管理；

存取方式：随机检索；

存取频度：1 次／商品；

数据量：取决于超市经营的所有商品；

说明：存储商品的相关信息。

......

（3）数据处理

数据处理编号：P1；

数据处理名称：录入顾客购买的商品信息；

输入数据流：无；

处理逻辑：通过商品条码，在商品信息表中检索商品名、商品单价，判断商品是否处于促销期等；

输出数据流：购物信息；

说明：用于收银员输入顾客的购买信息。

......

（1）一个业务系统的应用需求包括哪些主要内容？可以通过哪些方法来获得一个业务系统的应用需求？

（2）数据流图反映了业务系统的什么内容？使用了哪些图符，分别表示什么意思？

（3）数据字典记录的是什么信息？

1.系统需求分析的内容和方法

（1）调研内容

调研内容包括业务系统所属单位的内部组织情况，各部门职责分工，各部门业务活动情况和要求，确定新系统的边界，最后要明确业务系统需要的数据，数据的处理功能，数据的完整性和安全性。

（2）调研方法

一般有开调研会、做问卷调查、专访、跟班作业、查阅资料等。

（3）分析方法

广泛采用结构化分析方法（SA 法），从最上层的系统组织机构着手，采用"自顶而下、逐层分解"的方法分析系统。

2.系统需求的表达

（1）数据流图

数据流图（Data Flow Diagram，DFD）是从数据和数据处理两个方面来表达业务系统业务逻辑流程的图形化方法。数据流图是分层次的，一般采用"自顶而下、逐层分解"的方法，先画出系统的顶层数据流图，然后是各功能模块的第一层数据流图，依次往下是模块子功能的第二层数据流图，依次类推，直到表达清楚为止。

绘制数据流图的图符及含义见表 1-7。

表 1-7　绘制数据流图的图符及含义

图符	含义
	外部项(E，External)，系统的外部实体，是数据的源点和终点
	数据处理(P，Processing)，表示对数据流的操作。符号的上方标注编号，以"P"打头，下方标注数据操作名
	数据存储(D，Data)，用于存储数据，左端方框标注编号，以"D"打头，右端开口方框标注数据存储名
	数据流(F，Flow)，由一组确定的数据组成，箭头表示流向，线上标注数据流名

（2）数据字典

数据字典（Data Dictionary，DD）是关于数据库系统中数据的描述，它以特定的格式记录数据流图中各要素（数据项、数据结构、数据流、数据处理、数据存储、外部实体）的内容和特征的完整定义和说明。

描述各要素需要的字典内容见表1-8。

表1-8　描述各要素需要的字典内容

要素	字典内容	备注
数据项	编号、数据项名、数据类型、长度、取值范围、说明	不可再分的数据单位
数据结构	编号、数据结构名、组成:{数据项或数据结构}	反映数据之间的组成关系
数据流	编号、数据流来源、数据流去向、组成:{数据结构}、平均流量、高峰流量	数据在系统中的传输路径,流量以每天传输次数为单位
数据处理	编号、数据处理名称、输入数据流、处理逻辑、输出数据流、说明	
数据存储	编号、数据存储名、组成:{数据结构}、主键、输入数据流、输出数据流、存取方式、存取频度、数据量、说明	数据结构保存的地方,数据流的来源和去向之一

注:外部实体一般不用描述。

⁂ 我来挑战

> 试一试，画出图书借阅系统的数据流图。

二、设计业务系统的概念数据模型

概念设计就是把需求分析得到的用户需求抽象为信息结构,即概念数据模型。它从用户角度来描述数据及处理要求不依赖任何具体的逻辑数据模型,容易被用户理解,能准确反映现实世界中实体间的联系。概念数据模型用实体-联系图(E-R 图)表示。通过整理需求分析结果得到表 1-9 所示的实体,请参考图 1-14 和图 1-15 所示的 E-R图,完成下面的内容。

微课

概念数据模型

系统涉及的实体见表1-9。

表 1-9　系统涉及的实体

实体名	属性
商品	编码、名称、类别、品牌、规格、单位、单价、库存数量、库存报警数量、计划进货数、条形码、促销价格、促销起始日期、促销终止日期、允许打折、允许销售、供货商编号
用户	编号、名称、密码、类型
会员	卡号、电话、累积消费金额、注册日期、送货地址
供货商	编号、名称、地址、电话

商品实体的 E-R 图如图 1-14 所示。

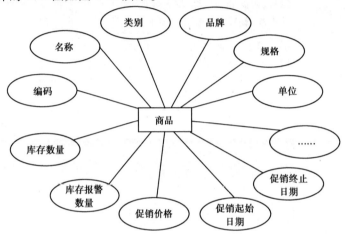

图 1-14　实体 E-R 图

商品与顾客联系的 E-R 图如图 1-15 所示,图中省略了实体的属性。

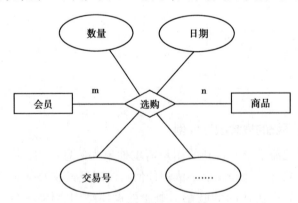

图 1-15　联系 E-R 图

(1)实体的 E-R 图反映了什么? 图中用到了什么图符,各表示了什么元素?

（2）试画出会员实体的 E-R 图。

（3）实体之间的联系在图 1-15 所示的 E-R 图中用什么图符表示？联系有属性吗？是否可以把联系当成实体？

（4）图 1-15 只是一个局部的 E-R 图,它反映了顾客选购商品的业务活动,要反应业务系统的全部业务活动,需要把各个局部的 E-R 图合并起来。试一试,先设计各业务活动相关的局部 E-R 图,然后整合成一个全局的 E-R 图。可参考图 1-16 完成。

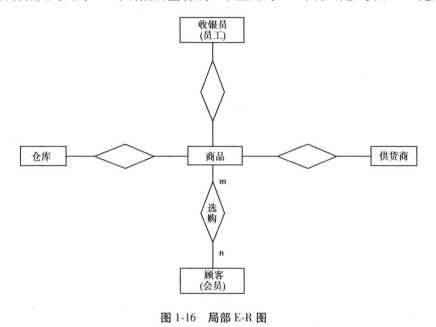

图 1-16　局部 E-R 图

日积月累　SHUJUKU JICHU JI YINGYONG —MySQL RIJIYUELEI

1.E-R 概念数据模型

从客观世界到信息世界的数据抽象就是数据库的概念设计，常用的概念数据模型就是实体—联系数据模型（简称 E-R 模型）。 E-R 模型以图形化的方式表示实体拥有的属性及实体间的联系。 E-R 模型的基本要素见表 1-10。

表 1-10　E-R 模型的基本要素

要素	描述	图例
实体	Entity, 客观存在的事或物, 或称为对象。实体可以是物理存在的事物, 也可以是抽象的事物	在矩形框中标注实体名
属性	Attribute, 实体具有的特征, 对实体的描述是通过列举其属性来实现的	在椭圆框中标注属性名
联系	Relationship, 是指实体集之间或实体集内部各实体间的关系。联系也可以有属性, 是一种实体	在菱形框中标注联系名

在 E-R 图中, 用无箭头的线段（无向边）把属性与实体连接, 把联系与相关实体连接, 并在联系与实体的连线上标出联系的类型（1:1、1:n、m:n）。两个实体之间的 3 种联系类型用 E-R 图表示, 如图 1-17 所示。

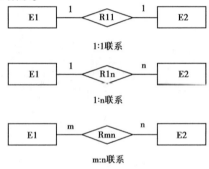

图 1-17　联系的类型

2.设计 E-R 要解决的问题和原则

（1）要解决的问题

● 实体与属性的取舍

在进行数据库概念设计时, 需要确定是把现实世界中的一个对象描述成一个实体还是描述为某个实体的属性。例如, 电话一般作为实体的属性处理, 如果实体有多个电话, 则需要把电话作为单独的实体来处理。

多值属性和复合属性是否要描述成一个独立的实体。当联系电话需要有多个时, 联系电话就是一个多值属性, 如果地址由省、市、区、街道、门牌号等子属性组成时, 地址就是一个复合属性。有这种要求时就需要把属性单独描述成一个实体。

● 实体与联系的取舍

在商品供销系统中有供货商、客户和商品 3 个实体, 如果需要可以把商品作为供货商与客户之间的联系。

● 属性在实体与联系之间的取舍

联系是可以有属性的, 一般情况下不必为联系添加属性, 可以定义为一个实体, 把原属于联系的属性移到该实体中, 并建立到这个实体的联系。

● 二元联系与多元联系的取舍

数据库系统中绝大多数的联系都是二元联系，但三元联系或多元联系有时能更好地反映客观世界，可以根据需要进行取舍，不过多元联系可以转化为二元联系。

（2）设计原则

在进行概念设计时要遵守以下 3 个原则：

①确保实体、属性和联系有意义，能够反映客观世界。

②趋简原则，能不用的实体、属性和联系就不用，能合并则合并。

③减少数据冗余，即设计要避免数据在多个实体中重复出现。

眼下留神　SHUJUKU JICHU JI YINGYONG —MySQL　YANXIALIUSHEN

- 概念数据模型不依赖特定的 **DBMS** 技术细节，容易被用户理解，能真实、准确反映现实世界。 它是各种逻辑数据模型的基础，能方便向关系、网状、层次等数据模型转换。概念模型设计是数据库设计的关键。
- 概念数据模型设计的主要内容是确定系统中的实体、实体的属性和键、实体间的联系、实体属性之间的依赖关系。
- E-R 图反映系统应用，每个系统子应用对应的是局部 E-R 图。 在概念设计时，通常采用自顶而下进行需求分析，然后采用自底而上进行概念设计，即先设计出各局部 E-R 图，再集成为系统的全局 E-R 图。
- 设计局部 E-R 图的关键在于正确划分实体和属性。 实体和属性在形式上并无明显的界限，一般按现实世界中事物的自然划分来确定。
- 在把局部 E-R 图集成为系统的全局 E-R 图时，要解决好属性、命名和结构 3 方面的冲突。
    ◇ 属性冲突包括属性域冲突和取值单位冲突两个方面，即同一属性在不同局部 E-R 图中取值的类型、范围、单位不同。
    ◇ 命名冲突包括同名异义或异名同义两种情况。
    ◇ 结构冲突包括 3 个方面，同一对象有不同的抽象，可能为实体，也可能为属性；同一实体在不同应用中的属性及次序不同；同一联系在不同应用中表现为不同类型。
- 在集成全局 E-R 图时，解决冲突的基本原则是根据业务系统的语义同用户协商调整。

❖ 我来挑战

画出图书馆借阅系统中读者与图书的局部 E-R 图。

微课

概念数据模型转
换成关系

三、设计业务系统数据库的数据模式

完成概念设计后得到的是 E-R 模型,它独立于任何一种逻辑数据模型和任何一个具体的 DBMS。为了建立业务系统运行需要的数据库,需要将概念数据模型转换成特定 DBMS 支持的逻辑数据模型,这就是数据库逻辑设计的任务。庄生为"立生超市管理系统"选定了 MySQL 数据库管理系统,因此,具体的工作是把 E-R 图转换成关系数据模型(包括一组关系模式)。请参考图 1-15 所示的局部 E-R 图转换成的关系模式(以下简称关系),完成下面的内容。

图 1-15 所示局部 E-R 图对应的关系:

会员(编号、名称、密码、类型)

商品(编码、名称、类别、品牌、规格、单位、单价、库存数量、库存报警数量、计划进货数、条形码、促销价格、促销起始日期、促销终止日期、允许打折、允许销售、供货商编号)

选购(交易号、编码、编号、数量、日期)

(1)一个关系主要由哪些内容组成?

(2)一个完整的关系还应包括哪些内容?

(3)试一试,写出业务系统中的实体(员工、供货商、销售、入库)转换成的关系。

日积月累   SHUJUKU JICHU JI YINGYONG —MySQL RIJIYUELEI

E-R 模型转换成关系的一般原则是在 E-R 模型中不论是实体还是联系都必须转换成关系。 实体及实体的属性转换成对应的关系和关系的属性; 联系转换成一个关系,联系自身的属性和参与联系实体的主键转换成该关系的属性。

1.实体转换为关系

为 E-R 模型中的实体创建同名的关系,实体的属性作为关系的属性,实体的主码就是关系的主键。

2.联系转换为关系

联系转换为关系时, 可以为联系单独建立一个关系,也可以与参与联系的实体一方对应的关系合并。 联系对应的关系的属性由联系自身的属性和参与联系实体的主键组成。

（1）1∶1联系

一对一联系可以转换成独立的关系，关系的属性是联系自身属性和参与联系实体集的主键，实体集的主键是关系的候选键。 联系也可以和参与联系的某一方实体的关系合并，将联系自身的属性和另一方的主键合并，合并后关系的主键不变。

（2）1∶n 联系

一对多联系转换成一个独立的关系时，关系的属性包括联系自身的属性和参与联系实体的主键，多端实体的主键作为关系的主键。 一对多联系可以与多端实体集对应的关系合并，将联系自身的属性和一端实体集的主键加入多端对应的关系模式中，合并后关系的主键仍为多端的主键。

（3）m∶n 联系

多对多联系一般转换成一个独立的关系，关系中的属性包括联系自身的属性和参与联系实体的主键，关系的主键由各实体集的主键共同组成。

（4）多元联系

多元联系一般转换成一个独立的关系模式，参与联系的各实体主键和联系自身的属性组成关系的属性，关系的主键由参与联系的各实体集的主键共同组成。

眼下留神　SHUJUKU JICHU JI YINGYONG —MySQL　YANXIALIUSHEN

- E-R 模型的属性不要求是基本数据项，在转换成关系模式时，如果属性是复合属性，则要拆分成简单属性；如果是多值属性，则要为该属性创建一个新的关系，并在关系中包含相关实体的主键。
- 为减少数据库系统中关系的数目，可以将有相同主键的关系合并成一个关系。 具体是将一个关系的属性全部并入另一个关系中，然后消除同义（属性名可能不同）的属性。 这可减少连接操作提高查询效率。
- 为提高效率和存储空间利用率，可对关系模式进行分解。 一是水平分解，把关系的元组按类分成多个子关系，能提高分类条件查询性能；二是垂直分解，把关系模式的属性分解并生成多个子关系。 把常用属性分解出一个子关系，能提高查询速度。

∷ 我来挑战

依据图书馆借阅系统的 E-R 图，设计出其对应的关系。

四、规范化关系模式

逻辑设计阶段得到的一组关系模式必须满足一定的规范才能确保有效地存储和管理数据,满足业务系统的功能和性能上的需求并防止数据操作异常。因此,初步设计完成的关系模式必须经过修改和调整以达到业务系统所需要的规范化要求。下面是顾客购买商品活动关系模式的相关资料,请分析该关系模式的特性。

业务系统应用语义:

一个顾客可以订购多种商品,一种商品也可以被多个顾客订购;

一个供货商可以供货多种商品,但一种商品只能有一个供货商;

一个供货商只有一个唯一的营业地址。

选购关系模式:

选购(顾客号,顾客姓名,商品编码,商品名,数量,供货商名,供货商地址)

选购关系模式其中一个可能的实例(关系表)见表 1-11。

表 1-11

顾客号	顾客姓名	顾客电话	商品编码	商品名	数量	供货商名	供货商地址
C0011	Alva	12435	E3209	Radio	1	Centy	St2356
C0152	Church	13356	M2101	Milk	5	Mybu	Av1190
C1320	Brown	17786	S4027	Shose	1	Anta	Av2013
C2001	Truman	18076	B3823	Bowl	2	AVE	St9001
C0152	Church	17123	E3209	Radio	3	Centy	St2356
C0011	Alva	18145	S4027	Shose	10	Anta	Av2013
C0011	Alva	16148	B3823	Bowl	1	AVE	St9001
C0152	Church	17256	M2101	Milk	3	Mybu	Av1190
C0152	Church	11432	S4027	Shose	7	Anta	Av2013
C2001	Truman	13368	S4027	Shose	3	Anta	Av2013
C1320	Brown	12669	E3209	Radio	2	Centy	St2356
C1320	Brown	19752	B3823	Bowl	11	AVE	St9001
…	…	…	…	…	…	…	…

(1)根据业务语义分析选购关系的主键是什么?

(2)如果一件商品(如 Radio)有 5 000 个顾客选购,那么该商品供货商的数据会重复存储多少份? 这将带来什么影响?

（3）当某一件商品（如 Cup）当前没有顾客选购时,该商品的商品编码、商品名等信息能插入到此关系数据表中吗？为什么？

（4）当处理完购买某一商品的顾客业务后,需要删除他们的选购信息时,该商品的商品编码、商品名等信息也将被删除吗？如果该商品还有存余,在数据表中还能查找到它的信息吗？

（5）如果需要把此关系表中商品名 Radio 改成 Radio Pro,你认为有难度吗？如果选购商品 Radio 的顾客较多时,可能产生什么问题？

（6）在关系模式中,属性的值之间存在依赖关系,请分析"顾客号"和"顾客姓名"两个属性的值之间有怎样的依赖关系？"数量"属性的值取决于哪个或哪些属性的值？试用直观的方式表达出来？

（7）试分析关系中属性"顾客号"和"供货商名"之间、"商品编码"和"供货商名"之间是否存在依赖关系？"供货商名"和"供货商地址"之间呢？

（8）请分析下列属性间的依赖是否成立？"→"表示其前面的属性决定后面的属性。

（顾客号、顾客姓名）→顾客姓名

有顾客号→顾客姓名,商品编码→商品名,则（顾客号,商品编码）→（顾客姓名,商品名）

有商品编码→商品名,商品编码→供应商名,则商品编码→（商品名,供应商名）

有顾客号→顾客姓名,顾客号→顾客电话,则有顾客号→（顾客姓名,顾客电话）

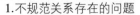

1.不规范关系存在的问题

（1）数据冗余

如果一件商品被多个顾客订购，则供货此商品的供应商数据在关系表中要重复记录多次，造成数据冗余，浪费存储空间。

（2）插入异常

当还没有顾客订购商品，因实体完整性约束要求主键值不能为空，不能执行插入操作，则供货商信息无法插入到关系表中，导致插入异常。

（3）更新异常

当某一商品的名称发生变动时，必须修改订购这一商品的所有选购记录，否则会导致同一商品名称数据不一致的问题。由于数据冗余，很难保证都被正确修改从而导致发生数据更新异常问题。

（4）删除异常

如果某一商品的销售业务全部处理完毕后要删除相关的记录，则与该商品相关的信息也被删除了。但这些信息是不应该被删除的，从而发生删除异常。

2.函数依赖

（1）函数依赖的定义

在关系模式中属性之间相互依赖、相互制约的内在联系称为数据依赖。例如，在选购关系中，顾客号的值确定后，顾客姓名的值就唯一确定了，这种属性值之间的依赖关系与数学中的函数关系 $y=f(x)$ 相似，自变量 x（顾客号）的值确定后，函数 $f(x)$ 的值 y（顾客姓名）就唯一确定下来。因此，将关系中属性值之间的依赖关系称为函数依赖（Functional Dependency，FD）。

有关系模式 R（U），U 是构成关系模式 R 的所有属性的集合，X 和 Y 是 U 的子集（X、Y 代表 U 中的属性或属性组），r 是关系模式 R（U）的任意可能的关系实例，如果在 r 中，对于 X 的每一个确定的取值，Y 都有唯一的确定值与之对应，则称 X 函数决定 Y，或称 Y 函数决定于 X，记为 X→Y。X 被称为决定因素。如果 X 函数不决定 Y，记为 X↛Y。

（2）函数依赖关系的确定规则

判定属性间是否存在函数依赖关系是根据语义和观察得出的，一般可根据属性间联系的类型来确定函数依赖关系。

- 当 X 和 Y 有一对一的联系时，则有 X→Y 和 Y→X，称 X 和 Y 相互函数依赖，可记为 X↔Y，如供货商↔供货商地址。
- 当 X 和 Y 有一对多的联系时，则有函数依赖关系 Y→X，如一个供货商可以供货多种商品，则有商品编码→供货商。
- 当 X 和 Y 有多对多的联系时，X 和 Y 之间不存在函数依赖关系，如一个顾客可以订购多种商品，一种商品可被多个顾客订购，所以顾客号与商品编码没有函数依赖。

微课

函数依赖及类型

（3）函数依赖的特性

①投影性

投影是一组属性函数决定它的所有子集，如（X，Y）→X，（X，Y）→Y。

②扩展性

若有 X→Y，P→Q，则有（X，P）→（Y，Q）。

③合并性

若有 X→Y，X→Z，则有 X→（Y，Z）。

④分解性

若有 X→（Y，Z），则有 X→Y，X→Z。

（4）函数依赖的类型

①平凡函数依赖（Trivial Dependency）

在关系模式 R(U)中，如果 Y 是 X 的子集，则必然存在 X→Y，这种函数依赖称为平凡函数依赖。

②非平凡函数依赖（Non-Trivial Dependency）

在关系模式 R(U)中，如果 Y 不是 X 的子集，而存在 X→Y，这种函数依赖称为非平凡函数依赖。

③完全函数依赖（Full Dependency）

在关系模式 R(U)中，如果 X→Y，且对于 X 的任何一个真子集 X'，都有 X'↛Y，则称 X 完全函数决定 Y，记为 $X \xrightarrow{F} Y$。

④部分函数依赖（Partial Dependency）

在关系模式 R(U)中，如果 X→Y，且对于 X 的一个真子集 X'，有 X'→Y，则称 Y 部分依赖于 X，记为 $X \xrightarrow{P} Y$。

⑤传递函数依赖（Transitive Dependency）

在关系模式 R(U)中，X、Y、Z 是 R 上不同的属性集，且 Y↛X，若有 X→Y，Y→Z，则称 Z 传递依赖于 X，记为 $X \xrightarrow{T} Z$。

眼下留神　SHUJUKU JICHU JI YINGYONG —MySQL　YANXIALIUSHEN

- 关系模式中属性之间的函数依赖关系反映的是应用语义上的联系，是对现实世界对象属性间内在联系的抽象，是属性性质、语义的体现。
- 属性间是否存在函数依赖，不能采用数学上形式化的推导来证明，只能根据应用的语义，通过观察分析来确定。
- 函数依赖不是针对某个关系实例，而是针对关系模式的所有实例，因此，函数依赖是属于关系模式的。 关系模式可进而表示成 R(U，F)，F 是关系模式中所有函数依赖的集合。

一个关系模式如果存在大量的数据冗余,存在插入、更新和删除异常,那么它就不是一个好的关系模式,是不能真正用于数据库系统的。一个不好的关系模式中往往包含了过多的实体,这样的关系模式中容易出现属性对候选键的部分依赖和传递依赖,这是产生数据冗余和操作异常的根源。因此,需要对不好的关系模式进行投影分解,生成多个关系模式,让每一个关系模式只描述一个实体或联系。下面是选购关系投影分解后的一种结果,请分析生成新关系的方法和特性的改进。

> 原选购关系模式:
> 选购(顾客号,顾客姓名,商品编码,商品名,数量,供货商名,供货商地址)
> 经投影分解生成商品、顾客、选购 3 个关系模式:
> 商品(商品编码,商品名,供货商名,供货商地址)
> 顾客(顾客号,顾客姓名)
> 选购(顾客号,商品编码,数量)

(1)写出原选购关系模式中所有的函数依赖,并标出其中存在的部分依赖和传递依赖。

(2)在生成的 3 个关系模式中标出它们的主键。

(3)观察生成的 3 个关系模式的属性组成并对照原关系模式,列出投影分解法的实施步骤。

(4)生成的 3 个关系模式是否完美解决了数据冗余和数据操作异常的问题? 为什么?

(5)在超市筹备阶段,联系了供货商,需要把供货商相关信息插入到数据库中,商品关系能否满足这一需求? 请分析并提出解决办法。

（6）有关系模式：销售（客户，商品，销售商），应用语义为：一个客户可以购买多种商品，一种商品可被多个客户购买；一个销售商只能供货一种商品，一种商品可以由多个销售商供货。请分析该关系模式的主键是什么？是否存在非主属性对候选键的部分依赖或传递依赖？该关系模式还存在数据冗余和数据操作异常的问题吗？为什么？其中一个可能的关系实例见表1-12所示。

表 1-12

客户	商品	供货商
高蕊	榨汁机	三野
陈安	绿茶	原叶
陈安	杯子	天然
周公良	胶装机	昌隆
王定风	胶装机	昌隆
王定风	榨汁机	三野
高蕊	杯子	洁雅
高蕊	胶装机	必利
周公良	杯子	天然
…	…	…

日积月累

SHUJUKU JICHU JI YINGYONG
——MySQL
RIJIYUELEI

微课

关系模式的范式

1.关系模式的范式（Normal Form）

规范化的目的是消除关系模式中的数据冗余，解决数据插入、删除和更新时发生的异常。为此，要求关系数据库的关系模式必须满足一定的条件，在关系数据库技术中把为不同程度的规范化要求设立的标准称为关系模式的范式。

（1）第一范式（1NF）

关系模式 R(U) 的所有属性都是基本属性，即每个属性都是不可再分的，或称各属性都是原子的，则 R(U) 属于第一范式。关系模式选购（顾客号，顾客姓名，商品编码，商品名，数量，供货商名，供货商地址）满足第一范式。

（2）第二范式（2NF）

关系模式 R(U) 是第一范式，且每个非主属性都完全函数依赖于 R(U) 的候选键，则 R(U) 属于第二范式。

选购关系模式中(顾客号，商品编码)是候选码，存在函数依赖：(顾客号，商品编码)→供货商，商品编码→供货商名，所以有非主属性供货商名部分依赖于主键(顾客号，商品编码)，因此，订单关系模式不属于第二范式。对原选购关系模式进行投影分解得到如下 3 个关系模式：

商品（<u>商品编码</u>，商品名，供货商名，供货商地址）

订购（<u>顾客号</u>，<u>商品编码</u>，数量）

顾客（<u>顾客号</u>，顾客姓名）

这3个关系模式中所有非主属性都完全依赖于其候选键（商品编码），所以它们属于第二范式。将属于第一范式的关系模式规范到第二范式后，可在一定程度上消除数据操作异常和数据冗余问题，但仍不能完全解决这些问题。

（3）第三范式（3NF）

若R(U)属于第二范式，且R(U)中所有非主属性都不传递依赖于候选键，则R(U)属于第三范式。

商品关系模式中，有商品编码→供货商名，供货商名→供货商地址，则商品关系模式中存在非主属性供货商地址传递依赖于商品编码，即商品编码$\overset{T}{\longrightarrow}$供货商地址，因此，商品关系模式不属于第三范式。对商品关系模式采取投影分解法得到商品和供货商两个关系模式如下：

商品（<u>商品编码</u>，商品名，供货商）

供货商（<u>供货商名</u>，供货商地址）

这两个关系模式中，不存在非主属性对候选键的传递函数依赖，所以它们属于第三范式。对属于第三范式的绝大多数的关系模式已完全消除了各种数据操作异常，数据冗余已很低。

第三范式只是限制了非主属性对候选键的不良函数依赖关系，而没有限制主属性对候选键的函数依赖关系，如果存在主属性对候选键的部分函数依赖和传递函数依赖，则仍会出现数据冗余和数据操作异常。

（4）巴科斯范式（BCNF）

若R(U)属于第一范式，且所有的函数依赖X→Y，Y不是X的任何子集，且决定因素X中都包含R(U)的一个候选键，则R(U)属于BCNF。换句话说，BCNF消除了任何属性（包括主属性）对候选键的部分函数依赖和传递函数依赖，它比3NF要求更严格，也称为修正的第三范式。

前例的销售关系模式：销售（客户，商品，销售商），根据其语义可知该关系模式中的函数依赖有（客户，商品）→销售商、（客户，销售商）→商品以及销售商→商品。由此可知（客户，商品）、（客户，销售商）是关系的候选键，关系模式中所有的属性都是主属性，故不存在非主属性对候选键的部分或传递函数依赖，因此销售关系属于第三范式。但它仍然存在数据冗余和数据操作异常问题，原因在于存在销售商→商品的函数依赖，即有主属性商品部分依赖关系的候选键。通过投影分解把销售关系分解成选购和供货两个满足BCNF范式的关系模式：

选购（客户，销售商）

供货（销售商，商品）

2.关系模式的投影分解法步骤

①根据语义观察找出关系模式中所有的函数依赖；

②找出所有候选键，区分主属性和非主属性；

③把部分函数依赖或传递函数依赖的决定属性和非主属性从原关系模式中分离出来，构成一个单独的关系模式，然后将其余属性加上候选键构成另一个关系模式。

眼下留神

SHUJUKU JICHU JI YINGYONG
—MySQL
YANXIALIUSHEN

- 第一范式是任何关系模式必须满足的范式要求，即每个属性都是不可分的单值属性。满足 1NF 的关系称为规范的关系。
- 低级范式的关系模式中往往包含了对多个实体的描述，不可避免会出现属性对候选键的部分依赖和传递依赖，这是数据冗余和数据操作异常的根本原因。
- 把低级范式的关系模式规范到高一级范式，采用投影分解法。其遵循"一事一关系"的基本原则，即让一个关系模式只描述一个实体集或一个联系集。
- 数据库设计的全过程包括需求分析、概念设计、逻辑设计、物理设计、实施、运行与维护。物理设计与实施参见项目四，运行与维护参见项目五和项目六。

▶ 任务评价

一、填空题

1.E-R 图称为_____,是对现实世界抽象得到的_____。

2._____可以直观表达业务系统的逻辑流程。

3.把局部 E-R 图集成为系统的全局 E-R 图时,可能有_____、_____、_____3 方面的冲突。

4.E-R 模型中不论是实体还是联系都必须转换成_____。

5.一对多联系转换成一个独立的关系,则这个关系的属性包括_____和相关实体的_____。

6.多对多联系一般转换成_____的关系,该关系的主键是_____。

7.不规范的关系常引起_____、_____、_____等数据操作异常。

8.数据冗余是指相同的数据在数据表中_____存储。

9.在关系中,对属性组 X 的一个确定的取值,属性组 Y 有唯一的确定值与之对应,则称_____函数决定_____。

10.当属性组 X 和 Y 之间有一对多的联系时,则有_____函数决定_____。

11.属性间的不良函数依赖是指_____和_____。

12.属性间是否存在函数依赖取决于_____。

13.关系满足 1NF 的条件即所有属性都是_____的。

14.在 1NF 的基础上,满足_____条件的关系属于 2NF。

15.在 2NF 的基础上,满足 _____ 条件的关系属于 3NF。

16.把低级范式的关系模式规范到高一级范式的方法是 _____。

二、选择题

1.与数据库设计无关的是( )。

    A.数据流图   B.E-R 图   C.数据字典   D.数据表

2.下列关于概念数据模型 E-R 图的说法,错误的是( )。

    A.能直观表达系统中实体及属性和实体之间的联系

    B.一个局部 E-R 图对应业务系统的一个应用

    C.设计 E-R 图时要考虑 DBMS 的选用

    D.E-R 图是数据库设计人员和用户沟通的工具

3.书号在图书实体中使用字符串,而在借阅中使用整数编号,这是( )。

    A.属性的类型冲突   B.属性的域冲突

    C.命名冲突   D.结构冲突

4.下列说法正确的是( )。

    A.概念设计与 DBMS 无关

    B.逻辑设计必须依赖 DBMS

    C.关系数据模型具体表现为一组关系数据模式

    D.在把 E-R 图转换为关系模式时,实体转换成关系,联系转换成属性

5.规范的关系必须满足的范式等级是( )。

    A.BCNF   B.3NF   C.2NF   D.1NF

6.下列不是引起数据冗余的因素是( )。

    A.属性是基本数据项

    B.非主属性对候选键的部分函数依赖

    C.非主属性对候选键的传递函数依赖

    D.主属性对候选键的部分函数依赖或传递函数依赖

三、判断题

1.E-R 图表达了系统的业务逻辑流程。   ( )

2.在概念设计中实体和属性无明显界限,需视情而定。   ( )

3.实体有描述信息,而属性没有。   ( )

4.联系只能发生在实体之间,属性与实体之间不能有联系。   ( )

5.实体的属性之间不能有联系。   ( )

6.函数依赖反映了关系中属性之间的联系。   ( )

7.关系中两个属性间有多对多的联系时,则它们之间没有函数依赖。 ( )

8.部分函数依赖和传递函数依赖是数据冗余和数据操作异常的根源。 ( )

9.如果候选键是单属性,则不可能存储部分函数依赖。 （　　）

10.函数依赖是由应用语义决定的。 （　　）

11.关系规范化的思想是消除数据冗余,解决数据操作异常。 （　　）

12.关系规范化的基本方法是投影分解法。 （　　）

13.关系的范式是指规范化的程度或等级。 （　　）

14.关系的范式等级越高越好。 （　　）

15.任何一个关系都满足 1NF,这是关系性质决定的。 （　　）

四、简述题

1.数据库设计有哪些主要阶段?

2.完成图书管理系统的概念设计,系统涉及图书、读者、管理员实体。一本图书有多本库存,一个读者最多可借 3 本,每本图书借阅时长为 7 天。日常业务有查询、借书、还书。画出 E-R 图。

3.在题 2 基础上完成关系数据库的逻辑设计,写出相关的关系模式。

4.描述关系规范基本方法——投影分解法的操作流程。

5.分析如下借阅关系模式存在的问题,然后进行规范处理。

借阅(读者编号,读者姓名,电话,图书编号,书名,作者,摘要,借阅日期,出版社,出版社地址)

6.在教学管理中有如下授课关系,一个教师只教一门课,一门课有多个教师教授,学生选择一门课同时也选定一个教师。请说明它属于第几范式? 是否存在数据冗余和数据操作异常的问题? 应怎样进行规范处理?

授课(教师,课程,学生)

成长领航 SHUJUKU JICHU JI YINGYONG —MySQL CHENGZHANG LIANGHANG

当今, 数据已成为一个组织以至一个国家的重要战略资源, 蕴藏巨大的经济和社会价值。 有效地管理和使用数据, 将对经济社会的发展产生强大推动作用。 数据库技术无疑是服务国家经济和社会建设的利器。 近些年, 国产数据库公司奋起直追, 不断推出新产品以满足我国经济建设对数据管理的需要。 在大数据领域, 阿里、华为、腾讯等公司的技术水平已经跻身世界一流行列。

作为青年学生, 要传承科技薪火, 自立自强, 勇担使命, 不断向科技的广度和深度进军, 用奋斗谱写青春之歌!

项目二 / 创建数据库环境

在完成"立生超市管理系统"的数据库逻辑设计后，得到了一组结构良好的关系模式。现在需要使用一款合适的关系型数据管理系统来建立并存储数据库。基于运行成本和性能要求的综合考虑，庄生倾向于采用开源数据库管理系统 MySQL 来搭建超市管理系统的后台数据库基础平台。本项目需要你与庄生一起进一步认识 MySQL 的特性和应用知识，并完成数据库支持环境的搭建。

完成本项目后，你将能够：

- 了解 MySQL 的发展历程和技术特征；
- 了解 MySQL 支持的存储引擎及特性；
- 安装配置 MySQL 数据库管理系统；
- 使用 MySQL 客户端工具连接 MySQL 服务器。

经过本项目的实践，将有助于你：

- 提升对数据管理项目的决策力；
- 树立为客户提供优质服务的意识。

本项目对应的职业岗位能力：

- 安装、配置 MySQL 数据库管理系统的初级运维能力。

［任务一］

认识 MySQL 数据库管理系统

本任务中，你将和庄生一起去考察 MySQL 数据库管理系统的发展和行业应用情况，了解它的技术特征，确认 MySQL 作为"立生超市管理系统"的后台数据库管理平台的适应性。为此，需要你们能够：

- 了解 MySQL 发展和应用概况；
- 了解 MySQL 的技术特性；
- 对比 MySQL 与其他主流 RDBMS。

一、认识 MySQL

MySQL 是一款主流的开源关系型数据库管理系统，在互联网和传统行业中广为应用。请阅读下面提供的资料并结合互联网或其他渠道获得的最新信息进行综合分析，然后完成后面的要求。

> 1.MySQL 简介
>
> MySQL 是一个真正的多用户、多线程的关系型数据库管理系统。它采用客户机/服务器架构，由一个服务器守护程序 mysqld、若干的客户程序和库组成。
>
> MySQL 最早可追溯到 1979 年，芬兰人 Allan Larsson 和 Michael Widenius（Monty）开了一家名为 TcX 的咨询公司。Monty 使用 BASIC 语言设计了一个数据报表工具 Unireg。它可以在 4M 主频和 16 KB 内存的 Z80 计算机上运行。后来，他用 C 语言重写程序，并移植到了 Sun Solaris 平台中，Unireg 得到更广泛的应用。
>
> 1990 年，Monty 接到一个项目，要求为 Unireg 提供通用的 SQL 接口，他重新设计了整个系统，并在 1996 年发行了 MySQL 的第一个内部版本 MySQL 1.0，同年 10 月发布了第一个只能运行在 Sun Solaris 上的正式版 MySQL 3.11.1。在接下来的两年里 MySQL 依次移植到 UNIX、Linux 和 Windows 等主流操作系统平台上。从 MySQL 3.22 开始提供了基本的 SQL 支持。
>
> 1999 年，MySQL AB 软件公司在瑞典成立，并开发出了 Berkeley DB 引擎，该存储引擎支持事务处理，所以 MySQL 也从此开始支持事务处理。2000 年，MySQL 对旧的 ISAM 存储引擎进行升级改造，命名为 MyISAM。2001 年，MySQL 集成了存储引擎 InnoDB，这个引擎同样支持事务处理，还支持行级锁，MySQL 4.0 发布。2005 年，一个里程碑版本 MySQL 5.0 发布，在该版本中加入了游标、存储过程、触发器、视图和事务的支持，从此 MySQL 明确地向高性能数据库发展。

2008 年，MySQL 被 Sun 公司收购，2009 年，Oracle 公司又收购 Sun 公司，MySQL 转入 Oracle 旗下。Oracle 是数据库领域的龙头企业，它没有停止对 MySQL 的开发，从 2010 年开始陆续推出 MySQL 5.5、MySQL 5.6、MySQL 5.7 等重量级版本，MySQL 的功能和性能直逼老牌的商用数据库 DBII、SyBase、Oracle、SQL Server 等。2017 年，MySQL 8.0 正式发布，这又是一个划时代的版本，MySQL 8.0 在 MySQL 5.7 的基础上扩展了对文档型数据库的支持，可以和其他 NoSQL 数据库（如 HBase、MongoDB、CouchDB）同台竞争，换句话说，MySQL 在大数据领域也同样不凡。

由于 Oracle 公司有自己的商用数据库，人们一方面担心其是否会投入足够的资源来保持 MySQL 的领先地位；另一方面，又想获得比标准 MySQL 更多的新功能和性能改进，于是 MySQL 产生了 3 个新分支。第一个分支是 Percona Server，接近官方 MySQL Enterprise 发行版；第二个分支是 MariaDB，是由 MySQL 的初始创建者建立的，可完全替代 MySQL；第三个分支是 Drizzle，它对 MySQL 做了重大修改，面向高性能云计算服务市场，与 MySQL 不兼容。

2.MySQL 的特性

①MySQL 软件规模小、速度快，总体拥有成本低，开放源代码，有着广泛的应用。

②MySQL 对多数个人用户来说是免费的，运营成本低。

③MySQL 支持多线程，充分利用 CPU 资源，是一个高性能且相对简单的数据库管理系统，与一些更大型的系统相比，其复杂程度较低，更容易使用。

④MySQL 全面支持 SQL 查询语言，也支持 JDBC、ODBC（JDBC 和 ODBC 是数据库通信协议）的应用程序访问数据，通用性好。

⑤MySQL 提供丰富的管理、检查、优化数据库操作的实用工具。

⑥MySQL 是完全网络化的，支持多客户机同时连接到服务器并使用多个数据库，且具有完备的访问控制，有良好的连接性和安全性。

⑦MySQL 可运行在各种版本的 UNIX（AIX、HP-UX、Solaris、OpenBSD、FreeBSD）、Linux、Windows、Mac OS、NovellNetware、OS/2 Wrap 等操作系统上，从家用 PC 到服务器再到移动智能终端都能运行 MySQL，可移植性好。

⑧MySQL 为数据库系统前端程序设计语言，如 C、Java、Python、C++、PHP、Ruby 等编程语言都提供了丰富的编程接口。

⑨MySQL 支持多种存储引擎，可根据需求灵活选用。

⑩MySQL 支持大型数据库，采用 InnoDB 存储引擎，其最大表空间容量为 64 TB，单个数据表容量最大为 10 GB，可处理数千万条记录。

3.MySQL 的应用

MySQL 在 DB-Engines 全球数据库榜居第二位，仅次于数据库霸主 Oracle，全球前 20 大网站无一例外都使用了 MySQL。近些年，MySQL 的应用开始扩展到金融、通信、生产制造、快速消费品零售、物流运输、医疗、政府等行业和部门，用户有中国电信、中国工商银行、中国银行、中国外汇交易中心、顺丰速运、国家电网、携程等。

（1）MySQL 的前身是什么软件？

（2）什么是开源软件？使用开源软件真不用花钱吗？

（3）MySQL 可在哪些操作系统下运行？

（4）你认为 MySQL 是否能满足"立生超市管理系统"的需要？

二、认识 MySQL 数据库引擎

存储引擎是 DBMS 的底层软件组件（软件组件是具备一定功能的程序模块，并提供与其他组件交互的接口），数据库管理系统通过存储引擎完成创建、插入、更新、删除和查询等数据操作。不同的存储引擎提供了不同的存储机制和不同的功能，MySQL 支持多种类型的存储引擎，存储引擎是 MySQL 的核心。通过阅读下面提供的材料，了解 MySQL 常用存储引擎的特性，并完成后面的内容。

1.InnoDB

InnoDB 是给 MySQL 提供提交、回滚和崩溃恢复能力的事务安全存储引擎，支持行锁定和外键完整性约束，对高并发有很好的适应能力并能保持数据的一致性。InnoDB 是为处理巨量数据时的最大性能设计的，InnoDB 存储引擎会在内存中建立并维护自己的缓冲池，用于缓存数据和索引，它的 CPU 效率是其他基于磁盘的关系数据库引擎所不能比的。

InnoDB 存储引擎把数据表和索引放在一个逻辑表空间中，表空间可以包含多个文件。InnoDB 存储数据的策略分为共享表空间存储方式和独享表空间存储方式。使用 InnoDB 存储引擎时，MySQL 在数据文件夹中创建一个名为 ibdata1，初始容量为 10 MB，大小可自动增长的数据表空间文件，两个名为 ib_logfile0、ib_logfile1，大小为 5MB 的事务日志文件。数据表空间文件的最大容量为 64TB。

2.MyISAM

MyISAM 存储引擎是基于 ISAM（Indexed Sequential Access Method，索引顺序访问方法）扩展而成的 MySQL 存储引擎，它提供高速存储和检索，以及全文搜索能力。MyISAM 管理非事务表，不支持事务、行级锁和外键约束的功能。每个 MyISAM 表在磁盘上存储成 3 个文件，文件名字采用表的名字，扩展名为 frm 的文件存储表结构定义，扩展名为 MYD 的文件是数据文件，扩展名为 MYI 的文件是索引文件。MyISAM 的数据表最大容量可达 64PB。

3.Memory

Memory 存储引擎的数据表只存储在内存中。为查询和引用其他表的数据提供快速访问。每个 Memory 表和磁盘的一个数据表定义文件关联,用于存储表的结构信息。由于 Memory 表被存储在内存中,当服务器关闭时,所有存储在 Memory 表里的数据会丢失,但因为表的定义被存储在磁盘上的.frm 文件中,在服务器重启动时,Memory 表仍然存在,只不过它们变成了空表。

4.Berkeley DB

Berkeley DB 是 Sleepycat Software 给 MySQL 提供的事务性存储引擎,简称 BDB,可以替代 InnoDB 存储引擎。

(1)数据库存储引擎实现数据库的哪些基础功能?

(2)使用 MyISAM 数据库存储引擎创建的数据表由哪几个文件组成?各有什么作用?

(3)使用 InnoDB 数据库存储引擎创建的数据表是一表一数据文件吗?试分析说明。

(4)使用 Memery 数据库存储引擎的数据表能否持久存储数据?它一般在什么情况下使用?

(5)在数据处理中,有的场合要求对数据的一组操作要么完全成功执行,要么不执行,不允许只执行一组操作的一部分,有这样要求的一组数据操作称为事务。请分析在超市管理系统中是否存在事务,应该选择何种数据库存储引擎?谈一谈你的想法。

三、对比 MySQL 与主流 RDBMS

MySQL 和 Oracle、SQL Server 是当前三大主流关系型数据库管理系统,它们在全球各行业、各领域都得到了广泛应用,但它们各具特色,为建立不同要求的管理信息系统提供了多样化选择。通过表 2-1 所示的 3 个数据库的比较,你需要谨慎确认在自己的管理信息系统中后台数据库管理系统是否满足系统的功能、性能、安全和成本要求。

表 2-1　MySQL、Oracle、SQL Server 比较

内容	MySQL	Oracle	SQL Server
发行方式	开源软件	商业软件	商业软件
隶属公司	甲骨文	甲骨文	微软
拥有成本	低至免费	高昂	中高
OS 平台	跨平台	跨平台	仅 Windows
硬件平台	需求低且宽	需求高且宽	较高且窄
易用性	好	复杂	很好
并发性能	较高	高	偏低
安全性	高	高（ISO 认证）	中（受限 OS）
可靠性	高	高	偏低
存储引擎	可插入式	一体式	一体式
编程语言	丰富	丰富	仅限 VS
客户连接	多样	多样	仅 Windows
备份恢复	简单方便	简单方便	复杂
第三方工具	丰富	丰富	少
版本更新	数月	数年	数年
技术支持	社区或收费	企业收费	企业收费
适应企业	高科企业	财厚企业	中小企业

注：①OS 是 Operating System 的简称，即操作系统。主流操作系统有 UNIX 类（AIX、HP-UX、Solaris、MAC OS X、System V、Free BSD 等）、Linux 类（RHEL、Debian、CentOS、OpenSUSE、Ubuntu、Fedora 等）和 Windows 系统。

②VS 是 Visual Studio 的简称，它是微软公司的软件开发包，仅限于在 Windows 环境中开发软件。

③硬件平台一般按支持的指令集分为复杂指令集（CISC）和精简指令集（RISC）两大类。以 Intel、AMD 为代表的 X86 和 X86_64 平台属于 CISC 架构，RISC 架构下的主流硬件平台有 ARM、MIPS、PowerPC、RISC-V、UltraSPARC 等。前者用于个人计算机和中低端服务器，后者用于小型机、高端服务器和嵌入设备。

（1）为什么新兴技术型公司乐于选择 MySQL？

（2）我国的金融、能源、运输、通信等领域的传统企业大都选用了 Oracle，你能说明其中的原因吗？从长远来看，这样的选择对我国基础产业的信息安全有何影响？

（3）除了上述 3 种数据库管理系统，你还能列举出其他使用较多的数据库管理系统吗？

日积月累　SHIJUKU JICHU JI YINGYONG
—MySQL
RIJIYUELEI

1.开源软件与商业软件

开源软件是源码可以被公众使用的软件。 1985 年，Richard Stallman 创立了自由软件基金会（Free Software Foundation）并发起了 GNU（GNU is Not UNIX）计划，一个不包含 UNIX 代码的开放源码的操作系统项目，并制订了 GNU 通用公共许可证 GPL（GNU Public License）来保护开源软件代码的开源性。 凡遵守或使用了 GPL 许可的软件必须以源代码发行。 著名的开源软件有 Linux、GCC、Apach、PHP、MySQL、PostgreSQL 等。

商业软件是指作为商品进行交易的软件。 商业软件的源代码是不公开的，且是软件所属企业的最高机密，商业软件也称为闭源软件，如 Windows、Oracle 等。

2.免费软件与开源软件

免费软件是可以免费使用的软件。 免费软件的源代码不一定是开放的。 开源软件基本上是免费的，但不排斥收费和商业化。 在企业应用中一般采用付费模式使用开源软件以获得更好的服务和技术支持。

3.存储引擎

存储引擎是数据库管理系统的核心，它决定了数据库物理机器模型的具体实现，是数据库管理系统功能、性能的重要决定因素。 MySQL 支持可插入式存储引擎，数据表可根据应用需要选择最恰当的存储引擎。

除了 InnoDB、MyISAM、Memery、BDB 外，MySQL 还支持 Merge、Archive、CSV、Federated、NDB Cluster 等存储引擎。

Merge 存储引擎能将一组结构完全相同的 MyISAM 表组合成一个 Merge 表，以方便同时对多个表的查询、更新、删除操作。 常用于按时间段生成的日志表的处理中。

Archive 引擎用于处理归档数据，它提供了先进的压缩机制，在记录被请求时会实时压缩，所以它经常被用来当作仓库。 它仅支持最基本的插入和查询两种功能。

CSV 存储引擎的数据文件是一个扩展名为 CSV（Comma-Separated Values，逗号分隔值）的文件，它是一个文本文件，每个数据记录占用一个文本行，字段值之间常用逗号分隔。 它不支持索引也不允许字段为 NULL。 CSV 表常作为一种数据交换格式实现与其他应用的数据交换。

Federated 存储引擎能把不同的 MySQL 服务器联合起来，逻辑上组成一个完整的数据库。 其主要实现分布式数据库应用。

NDB Cluster 是簇式存储引擎，是一种分布式存储引擎，主要用于 MySQL Cluster 分布式集群环境，可实现分布式计算环境的 MySQL 的高可用性，尤其适合具有高性能查询要求的业务应用系统。

眼下留神
SHUJUKU JICHU JI YINGYONG —MySQL
YANXIALIUSHEN

- MySQL 的可插入存储引擎体系结构使数据库管理员能够为特定业务系统的应用需求选用不同的存储引擎来获得特定的功能和特性。
- MySQL 的体系结构将应用程序开发人员和数据库管理员与存储级别上的所有低级实现细节隔离开来，从而提供一致且简单的应用程序编程接口（API）。 换句话说，应用程序开发人员不用关心采用了哪种存储引擎。
- MySQL 5.5 之前版本默认的存储引擎是 MyISAM，MySQL 5.5 及其之后的版本默认的存储引擎是 InnoDB。
- 在 MySQL 的同一个数据库中，不同的数据表可以根据需要使用不同的存储引擎。

阅读有益

如需了解面向大数据的数据库管理系统的相关知识，请扫描二维码。

▶ 任务评价

一、填空题

1.MySQL 数据库管理系统采用_____架构,由一个服务器守护程序_____、若干的客户程序和库组成。

2.MySQL 是可以在_____、_____、_____等操作系统平台上运行的跨平台数据库管理系统。

3.MySQL 的 3 个重要分支是_____、_____、_____。

4.数据库存储引擎是数据库管理系统的_____,它解决了数据库管理系统的_____和_____。

5.MySQL 8 的默认存储引擎是_____。

6.使用 InnoDB 存储引擎时,表空间文件的文件名是_____。日志文件为_____和_____。

7.MySQL 通过支持_____来实现大数据处理。

二、选择题

1.下列不能跨平台工作的数据库管理系统是( )。

    A.MySQL   B.SQL Server   C.Oracle   D.PostgreSQL

2.下列存储引擎中,支持事物处理的是( )。

    A.MyISAM   B.Memery   C.InnoDB   D.Merge

3.大数据不具有的特性是( )。

    A.结构化   B.数据巨量化

    C.类型多样化   D.来源真实

三、判断题

1.MySQL 数据库管理系统是免费软件。   ( )

2.存储引擎决定了 DBMS 的功能和性能。   ( )

3.MySQL 设置了默认存储引擎后,就只能用默认存储引擎。   ( )

4.MySQL 不支持大数据处理。   ( )

5.任何 DBMS 都支持可插入存储引擎。   ( )

四、简述题

1.试比较 MyISAM 和 InnoDB 两种存储引擎的特性。

2.MySQL 与 SQL Server 相比,有哪些突出的优势?

[任务二]

安装配置 MySQL 数据库管理系统

本任务中,你将和庄生一起在计算机系统中安装 MySQL 数据库管理系统,并对系统的基础工作环境进行必要的配置,以保障业务数据库的物理设计实现以及数据的后期使用、管理和维护。为此,需要你们能够:

- 正确安装 MySQL 数据库管理系统;
- 了解 MySQL 的常用服务配置项及作用;
- 使用 MySQL 客户工具连接测试 MySQL。

一、安装 MySQL

MySQL 的安装包可以在其官方网站下载。在选择 MySQL 发布的安装包时要注意

微课

MySQL安装教程

运行的操作系统平台和发布的形式和版本。下面介绍在 Windows 系统中安装 MySQL 8 社区版 mysql-installer-community-8.0.21.0。请对照安装并完成后面的内容。

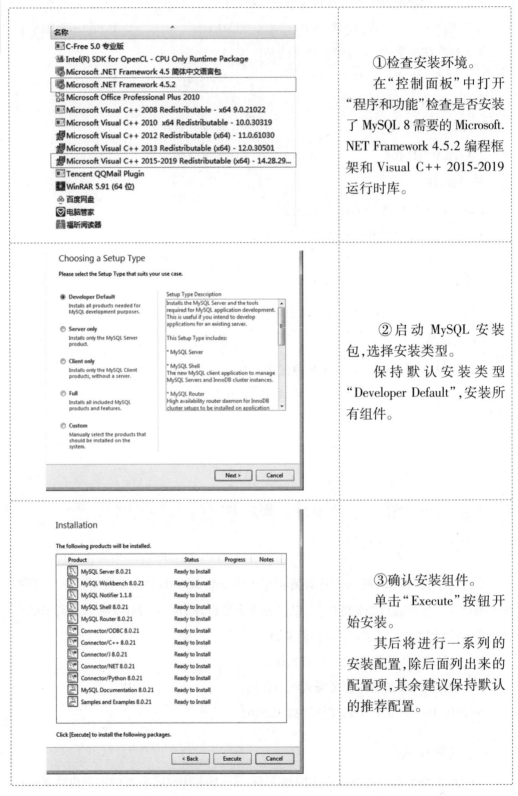

①检查安装环境。

在"控制面板"中打开"程序和功能"检查是否安装了 MySQL 8 需要的 Microsoft. NET Framework 4.5.2 编程框架和 Visual C++ 2015-2019 运行时库。

②启动 MySQL 安装包，选择安装类型。

保持默认安装类型"Developer Default"，安装所有组件。

③确认安装组件。

单击"Execute"按钮开始安装。

其后将进行一系列的安装配置，除后面列出来的配置项，其余建议保持默认的推荐配置。

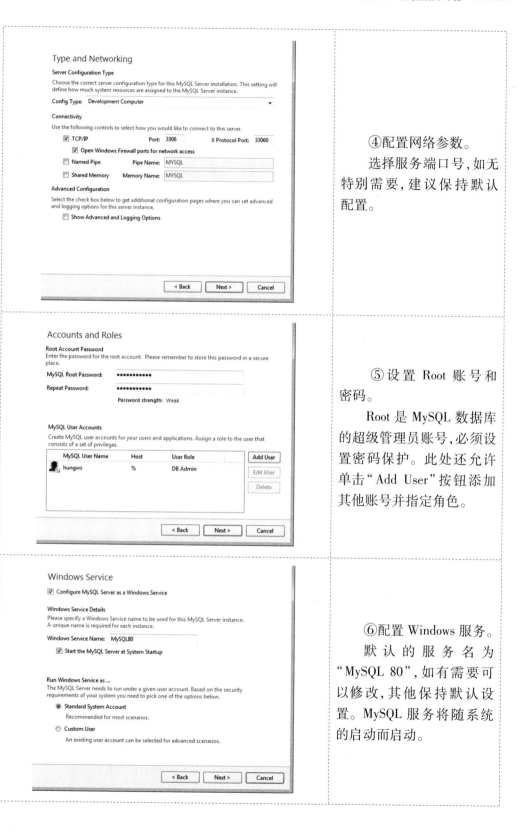

④配置网络参数。

选择服务端口号，如无特别需要，建议保持默认配置。

⑤设置 Root 账号和密码。

Root 是 MySQL 数据库的超级管理员账号，必须设置密码保护。此处还允许单击"Add User"按钮添加其他账号并指定角色。

⑥配置 Windows 服务。

默认的服务名为"MySQL 80"，如有需要可以修改，其他保持默认设置。MySQL 服务将随系统的启动而启动。

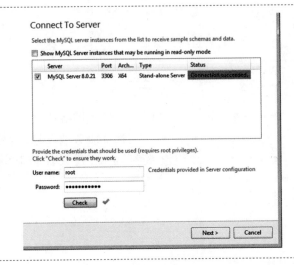

⑦连接 MySQL 服务器,完成配置应用。

输入账号和密码后,单击"Check"按钮连接到服务。

(1)阅读安装类型的描述内容,说明几种安装类型该如何选择?

(2)MySQL 的网络连接参数在什么情况下需要修改?

(3)Root 账号是 MySQL 数据库管理系统的超级管理员,需要设置强密码保护。请思考,怎样设置密码才能满足强密码要求?

日积月累 SHUJUKU JICHU JI YINGYONG —MySQL RIJIYUELEI

1.MySQL 的版本

MySQL 的发行版分为两个版本: 社区版和商业版。

● 社区版: 完全免费使用,但官方不提供技术支持。

● 商业版: 包括标准版、企业版和集群版。 它以高性价比为企业提供数据仓库应用,官方提供技术支持,需付费使用。

MySQL 发行版软件安装包的版本号由 3 个数字和 1 个后缀组成, 如 mysql-8.0.20-winx64.zip。 第一个数字 8 是主版本号,第二个数字是发行级别,第三个数字是发行序列号,后缀用来标识本安装包适用的平台(操作系统),包括 UNIX、Linux 和 Windows,如 winx64 代表 64 位的 Windows 操作系统。 而 Linux 平台的发行安装包后缀可能有 I386/I486/I586/I686 代表 32 位版本, X86_64 代表 64 位版本。 发布的形式有二进制、RPM 和源代码 3 种。

MySQL 的版本还进一步分为:

● GA(General Available)通用版即正式版;

- RC（Release Candidate）候选版，最接近正式版；
- Alpha 内部测试版；
- Bean 公测版。

2.MySQL 安装文件中子文件夹的作用

MySQL 8 的默认安装路径是 C：\Program Files\MySQL\MySQL Server 8.0，其中的各文件夹的作用如下：

bin 文件夹：存放 MySQL 的各种管理程序文件。

docs 文件夹：存放版权、更新和安装信息等文档文件。

include 文件夹：存放库函数头文件。

lib 文件夹：存放库函数代码文件。

share 文件夹：存放字符集、语言等信息。

MySQL 8 的数据文件默认存储在 C：\ProgramData\MySQL\MySQL Server 8.0\Data 文件夹中，每个数据库存放在与数据同名的子文件中。

3.MySQL 的常用工具

- mysqld：MySQL 服务器后台进程，该程序运行后，才能向客户提供数据库服务。 对于专职的数据库服务器，一般设置为随着系统的启动而自动运行。
- myisamchk：用于检查、优化和维护 MyISAM 数据表。
- mysql：MySQL 提供的命令行客户端。 在命令行界面下，可以执行 SQL 语句和其他的命令来管理、维护数据库。
- mysqladmin：执行数据库管理操作的工具程序。
- mysqlcheck：用于检查、修复、分析和优化数据表的工具程序。
- mysqldump：MySQL 的数据备份程序。
- mysqlhotcopy：热备份 MyISAM 数据表的工具程序。
- perror：用于显示错误代码的含义。
- mysqlimport：用于导入数据。
- mysqlshow：用于使用 mysql 客户端时查看 MySQL 的一些基本信息。
- mysqlbinlog：用于查看二进制日志文件内容。

二、配置 MySQL

安装 MySQL 服务器后，还需要根据业务系统的需要对服务器的工作特性进行必要的配置才能更好地支持业务系统的运行。MySQL 服务器的配置是通过编辑配置文件 my.ini 中的配置选项的值来实现的。my.ini 是一个文本文件，默认安装时，它存储在 C：\ProgramData\MySQL\MySQL Server 8.0 文件夹中。下面使用记事本来配置 MySQL 服务器，请分析主要配置项的作用，并完成后面的内容。

微课

配置 MySQL

```
［mysqld］
# 设置服务端口号
port = 3306
```

```
# 设置 mysql 的安装目录
basedir = "C:/Program Files/MySQL/MySQL Server 8.0/"
# 设置 mysql 数据库数据的存放目录
datadir = "C:/ProgramData/MySQL/MySQL Server 8.0/Data"
# 允许最大连接数
max_connections = 200
# 允许连接失败的次数
max_connect_errors = 10
# 服务端使用的字符集默认为 UTF8
character-set-server = utf8
#设置排序方式
collation-server = utf8_unicode_ci
# 设置创建表时,默认使用的存储引擎
default-storage-engine = InnoDB
#设置 SQL 模式
sql-mode = "strict_trans_tables,no_engine_substitution"
[mysql]
# 设置 mysql 客户端默认字符集
default-character-set = utf8
[clicnt]
# 设置 mysql 客户端连接服务端时默认使用的端口
port = 3306
#设置客户端使用的字符集
default-character-set = utf8
```

(1)在配置文件中#起什么作用？[mysqld]、[mysql]、[client]分别代表什么？

(2)请思考配置项 basedir 和 datadir 的作用,应该怎样来配置？要特别注意什么？

(3)如果在使用 MySQL 时出现乱码,是哪个选项配置出了问题？

(4)怎样设置 MySQL 的默认存储引擎？

阅读有益

如需了解 MySQL8 免安装包的加载方法和 Linux 中安装 MySQL 的方法，请扫描二维码。

眼下留神

SHUJUKU JICHU JI YINGYONG
—MySQL
YANXIALIUSHEN

- MySQL 的配置参数众多，有 700 多个，用于精细调整 MySQL 的工作状态。初学时只需了解主要配置参数的功能即可，其他的在应用中学习。
- 在 Linux 环境下以软件仓库方式安装、管理 Linux 系统的软件可以自动解决软件组件之间的依赖问题。不建议手动安装软件。
- Root 账号使用空密码或临时密码时可以登录 MySQL，但必须设置正式密码后，才能正常使用 MySQL 服务。

⋙ 我来挑战

试一试，使用免安装包构建 MySQL 数据库环境，并记录操作步骤和使用的命令。

三、使用 mysql 连接到 MySQL 服务器

MySQL 是采用客户机/服务器架构的数据库管理系统。服务器进程 mysqld 正常启动后，使用客户端程序可以在 MySQL 服务器本地或与服务器相连的任何计算机上登录使用 MySQL 数据库服务。下面介绍使用命令行客户端工具 mysql 登录 MySQL 服务器的方法，请模仿操作并完成后面的内容。

微课

登录MySQL服务器

①打开命令行窗口，输入 mysql-u root-p 登录到服务器。

| ```
mysql>
mysql> select version();
+-----------+
| version() |
+-----------+
| 8.0.21    |
+-----------+
1 row in set (0.00 sec)

mysql> _
``` | ②查看 MySQL 的版本号。 |
| ```
mysql>
mysql>
mysql> show variables like '%datadir%';
+---------------+----------------+
| Variable_name | Value          |
+---------------+----------------+
| datadir       | d:\mysql8\data\ |
+---------------+----------------+
1 row in set, 1 warning (0.17 sec)

mysql>
``` | ③查看存放数据库文件的路径。 |
| ```
mysql>
mysql>
mysql> show databases;
+--------------------+
| Database           |
+--------------------+
| information_schema |
| mysql              |
| performance_schema |
| supmark            |
| sys                |
+--------------------+
5 rows in set (0.09 sec)

mysql> _
``` | ④查看服务器中的数据库。 |

（1）使用 mysql 客户端程序登录服务器时，输入的命令是什么？其中的选项-u和-p 指示了什么？如果要登录远程服务器 199.20.111.250，需要使用什么选项来指定服务的地址？请输入 mysql-? 获得帮助。

（2）成功登录服务器后，系统提示变成了什么内容？在此状态下，输入的命令要以什么字符来结束？
```

日积月累

SHUJUKU JICHU JI YINGYONG
——MySQL
RIJIYUELEI

1.mysql 客户端

mysql 客户端是位于%MYSQL_HOME%\bin 中的 mysql.exe，它是 MySQL 自带的命令行客户端，是使用 MySQL 数据库管理系统的主要工具。 其连接 MySQL 服务器时，在命令行上输入命令的一般格式是：

mysql［-h 主机名或地址］［-P 端口号］ -u 用户名 -p ［数据库名］

其中，-h 主机名或地址：用于指明要连接的 MySQL 服务器主机地址；

-P 端口号：指定 MySQL 服务端口号，更改了默认端口号 3306 才需要指定；

-u 用户名：指定登录的用户名；

-p：指示输入密码，注意输入密码字符时没有任何显示；

数据库名：指定登录 MySQL 服务器后要连接的数据库。

mysql 有很多的选项用来设置 mysql 客户端工作环境，可输入 mysql-? 查看相应内容。

2.MySQL 图形客户端

● MySQL Workbench：一款专为 MySQL 设计的图形化数据库设计、管理工具，它有开源和商业两个版本。

● Navicat for MySQL：管理和开发 MySQL 或 MariaDB 的理想解决方案。 它是一套单一的应用程序，为数据库管理、开发和维护提供了直观而强大的图形界面。

● SQLyog：一款简洁高效、功能强大的图形化 MySQL 数据库管理工具。 使用 SQLyog 可以快速直观地让用户从世界的任何角落通过网络来维护远端的 MySQL 数据库。

● phpMyAdmin：一个用 PHP 开发的基于 Web 方式架构在网站主机上使用的 MySQL 管理工具，管理数据库非常方便。

▶任务评价

一、填空题

1.MySQL 提供网络服务的默认端口是_____。

2.安装 MySQL 时自动创建的数据库管理员账号是_____。

3.登录 MySQL 服务时,需要正确提供_____和_____。

4.MySQL 的发行版分为_____和_____两个版本。

5.安装包文件名中的 i686 代表_____版本,X86_64 代表_____版本。

6.mysqld 是 MySQL 服务器的_____。 _____是 MySQL 提供的命令行客户端。

7.在 Windows 中,MySQL 服务器的配置文件是_____。

8.在配置文件中,［mysqld］行以下的配置用于_____行为特性实施控制。

二、选择题

1.在生产环境使用 MySQL,最好选择的版本是(   )。

  A.GA   B.RC   C.Alpha   D.Bean

2.在 MySQL 数据库管理系统中,命令行客户工具是(   )。

  A.mysqld   B.mysql   C.mysqladmin   D.mysqldump

三、判断题

1.安装 MySQL 时不能自主选择安装目录。   (   )

2.Root 账号的密码为空时,不能管理数据库。   (   )

3.MySQL 的 GA 版是最稳定的版本。   (   )

4.data 文件夹误删后,可以用资源管理器重新创建。   (   )

四、简述题

1.简述 MySQL 主要配置参数的作用。

2.简述在 Windows 系统中不使用 setup 安装包加载 MySQL 的操作步骤。

成长领航   SHUJUKU JICHU JI YINGYONG —MySQL CHENGZHANG LIANGHANG

    在很长一段时间,数据库管理系统市场一直被 Oracle、IBM、微软等公司垄断。可喜的是近些年国产数据库获得长足进步,武汉达梦数据库股份有限公司开发了新一代大型通用关系型数据库 DM8,北京人大金仓信息技术股份有限公司开发了大型通用数据库管理系统 KingbaseES,它们代表了国产数据库管理系统的先进水平,其部分技术已超越国外厂商。

    作为青年学生,要不断磨练精益求精的工匠精神,为祖国的技术发展贡献力量。

项目三 / 体验数据处理

　　超市经营活动不断产生各种各样的数据，如物品名称、货物数量、价格、交易时间等，这些数据需要不断地进行各种运算和处理。 庄生需要知道 MySQL 能否全面表达如此丰富的数据和支持相应的运算，以保证业务系统的正常运行。 本项目需要你和庄生一起认识 MySQL 数据库管理系统内建的各种数据类型的特性和相应数据的表达方式，了解对数据运算的支持和相关运算的要求和规则，掌握使用系统函数增强数据处理能力的方法。

　　完成本项目后，你将能够：

- 了解 MySQL 内置数据类型的特性；
- 正确表达常用数据类型的数据值；
- 运用 MySQL 运算符执行数据运算；
- 使用常用系统函数提升数据处理能力和效率。

经过本项目的实践，将有助于你：

- 构建数据处理价值意识；
- 提高利用数据技术解决实际问题的能力。

本项目对应的职业岗位能力：

- 在 MySQL 系统中实施数据运算处理的能力。

[任务一]

认识数据类型

　　本任务中,你将和庄生一起去认识 MySQL 数据库管理系统中支持的各种数据类型,以完成"立生超市管理系统"相关业务数据的分类,确保在建立数据表时为字段定义恰当的数据类型。为此,需要你们能够:

- 了解 MySQL 数据类型的特性;
- 正确书写各数据类型的字面值。

一、认识数据类型

　　MySQL 提供整数类型(整型)和小数两种数值型数据类型。为适应不同应用的需要,整型细分为 5 种,小数分为浮点数和定点数两种。下面是立生超市进货的部分数据记录,请阅读并分析表 3-1 中的数据,了解整型和小数两种数值型数据的特性,并完成后面的内容。

表 3-1　　2020 年 8 月的进货清单

商品名	规格	批发价/元	数量	条形码	进货日期	备注
电扇	台	146.59	88	8726942850001	2020-08-05	
球鞋	双	219.25	106	8726942850002	2020-08-05	
火腿肠	根	1.89	456	8726942850003	2020-08-15	
矿泉水	瓶	1.56	300	8726942450004	2020-08-15	
方便面	包	4.99	100	8726942450005	2020-08-20	

微课

数值数据的类型和书写

　　(1)请找出表 3-1 中哪些是整型数据,哪些是小数,说一说你的理由?

　　(2)请思考:在数据处理中,什么时候使用整型数据,什么时候使用小数?

　　(3)立生超市购进牛奶五十箱,总金额为两千元,请写出其中涉及数量的数据值。

（4）在书写整型和小数时需要注意什么？

（5）根据你的经验,整型和小数支持什么运算？

日积月累

SHUJUKU JICHU JI YINGYONG
—MySQL
RIJIYUELEI

1.整型

MySQL 整型的名称标识符、占用的存储空间和能表示整数的范围见表 3-2。

表 3-2　整型

类型	字节	范围(有符号)	范围(无符号)
tinyint	1	−128~127	0~255
smallint	2	−32768~2767	0~65535
medimint	3	−8388608~8388607	0~16777215
int	4	−21448648~2147483647	0~4294967295
bigint	8	−923720368547775808~ 9223372036854775807	0~18446744073709551615

2. 小数

MySQL 支持两种小数类型：定点数和浮点数。 其中，浮点数包括单精度浮点数 float 与双精度浮点数 double。 小数的特性见表 3-3。

表 3-3　小数

类型		字节	负数的取值范围	非负数的取值范围
浮点数	float	4	−3.402823466E+38~ 1.175494351E−38	0 和 1.175494351E−38~ 3.402823466E+38
	double	8	−1.7976931348623157E+308~ −2.2250738585072014E−308	0 和 2.2250738585072014E−308 ~1.7976931348623157E+308
定点数	decimal(M,P) 或 dec(M,P)	M+2	与 double 相似	与 double 相似

注:decimal(M,P)或 dec(M,P)能精确表示小数,常用于表示金额类数据。其取值范围与 double 相似,实际数据范围由 M(Measure,尺寸)和 P(Precision,精度)决定。M 指定有效数字的个数,P 指定小数位数。

3.位类型

位类型（bit）表示若干二进制数位，其类型标识符为 bit(M)，M 表示位数，取值范围为 1~64。位数据一般表示一组开关量，其字面量格式为：b'二进制位串'，如 bit(4) 的一个字面量写成 b'1011'。

眼下留神 SHUJUKU JICHU JI YINGYONG —MySQL YANXIALIUSHEN 🔍

- MySQL 提供了 5 种整数类型，目的是方便用户根据实际应用情况选择一种恰当的类型，在满足数据处理要求的同时，最大限度节约存储空间。
- 数据超出数据类型表达范围称为数据溢出，系统会发出"Out of range"错误提示。为了避免此类问题发生，必须根据实际情况确定需要的数据类型。
- 计算机只能近似表示浮点数，两个浮点数进行减法和比较运算时可能得不到预期的精确结果。使用浮点数时需要注意这一特性，尽量避免浮点数之间的比较。
- 在需要精确处理小数的场合（如资金、价格等），请使用 decimal 类型。其默认的精度设置为 decimal(10,0)，没有小数部分。
- 书写整数字面量时不能有小数点。浮点数除了小数书写形式，还可以使用指数形式，如 2.7E3、3.19e-7，分别相当于 2.7×10^3、3.19×10^{-7}，书写时，E（e）的前后必须有数字，E 后的指数必须是整型。

微课

日期时间数据的
类型和书写

二、认识日期时间类型

在商业活动(也包括其他人类活动)中,日期和时间都是一种重要的数据。MySQL 为日期和时间数据的处理提供了灵活的类型支持,既可以表示独立的日期和时间,也可以同时表示日期与时间。请阅读下面关于立生超市经营活动的相关材料,完成后面的内容。

在立生超市运营中,大多数的活动都需要记录发生的时间,下面列举一些常见活动及时间:

立生超市每天早上 7 点半开业。

2019 年营业收入 175 890 元。

2020 年 10 月 28 日购进"红蜻蜓"菜籽油 5 升装共 80 桶。

2020 年 10 月 29 日 17 点 25 分,顾客王峰完成购物,付款 67.8 元。

(1)请在上面材料中找出涉及的日期时间数据,并根据你的经验用数学格式写出这些日期时间并为它们命名。

材料中的日期时间	数学形式的日期时间	数据类型名

(2)谈一谈时间数据的表示方式。请分析 36:23:51、5:61、121212、1212 是否都能正确表示时间？

(3)你知道在生活中日期数据的年、月、日之间的分隔符是什么吗？试一试，除此之外，能不能用#、%、*、~等字符作为分隔符。

(4)日期时间数据在表达时要注意什么？

日积月累

1.日期时间类型

MySQL 提供了 5 种与日期时间相关的数据类型，它们是 year、time、date、datetime、timestamp，其特性见表 3-4。

表 3-4　日期时间类型

类型	字节	取值范围	格式
year	1	1901～2155	YYYY
time	3	−838:59:59～838:59:59	HH:MM:SS
date	3	1000-01-01～9999-12-31	YYYY-MM-DD
datetime	8	1000-01-01 00:00:00～9999-12-31 23:59:59	YYYY-MM-DD HH:MM:SS
timestamp	4	1970-01-01 00:00:01 ～2038-01-19 03:14:07	YYYY-MM-DD HH:MM:SS

2.日期时间数据的输入形式

- year 类型：只用于表示年份。输入格式是形如 YYYY 或者' YYYY '的 4 位数字串，也可以是形如 YY 或者' YY '的两位数字串。两位数字串 00('00')～69('69')表示的年份是 2000～2069，70('70')～99('99')表示的年份是 1970～1999。但注意数字串 0 或 00 表示 0000 年而不是 2000 年。

- time 类型：仅表示时间，它可表示某个时刻，也可以表示时间段。 其输入格式为 ' D HH:MM:SS '，D 表示日，HH 表示小时，MM 表示分，SS 表示秒。 其中 D 将转换为小时与 HH 相加后保存，D 为可选项。
- date 类型：表示日期，常用输入格式为' YYYY-MM-DD '或者' YYYYMMDD '，也可以采用两位年份的' YY-MM-DD '、' YYMMDD '或 YYMMDD 格式输入，且不论 YY 是在字符串还是在数字串中，其约定同 year 数据类型中的' YY '相同。
- datetime 类型：能同时表示日期和时间，能准确记录活动发生的时间点。 数据输入格式可以是' YYYY-MM-DD HH：MM：SS '、' YYYYMMDDHHMMSS '、YYYYMMDDHHMMSS、' YY-MM-DD HH：MM：SS '、' YYMMDDHHMMSS '、YYMMDDHHMMSS。 YY 的约定与 date 类型相同。
- timestamp 类型：表示的内容与 datetime 相同。 不同点在于 timestamp 表示的是世界标准时间（UTC），存储和查询时都将按当前指定的时区进行转换。 使用命令 set time_zone＝"＋06:00"；设置时区为东六区，如果将参数改为"−09:00"则表示时区为西九区。

眼下留神 SHUJUKU JICHU JI YINGYONG —MySQL YANXIALIUSHEN 🔍

- 日期时间类型数据的每个组成部分都有取值范围约束。 当出现非法值时，系统提示错误，禁止数据插入。
- MySQL 允许不严格语法，任何标点符号都可用作日期部分或时间部分中的间隔符，但不建议使用。
- 在输入日期时间数据时，年、月、日不可省，时、分、秒可以从秒开始省略直到全部省略，省略数据以 0 处理。
- 当给 datetime、timestamp 字段输入 date 型数据时，时间部分置 0。 当给 date 字段输入 datetime、timestamp 型数据时，自动忽略时间部分，而给 time 字段输入 datetime、timestamp 型数据时，自动忽略日期部分。
- datetime 在存储日期数据时，按实际输入存储。 而 timestamp 按当前设置的时区转换后存储。
- 使用库函数 curdate( )、now( )可方便取得当前系统的日期和日期时间。

三、认识字符串类型

微课

字符串数据类型及书写

　　"立生超市管理系统"需要处理诸如商品名称、送货地址、商品图片、厂商宣传短片等信息，针对这类要求，MySQL 提供了字串数据类型的内建支持。字串数据类型分为字符串类型和字节串类型两种，前者用于表示文字内容，后者用于表达二进制字节数据。请根据下面的材料和生活经验完成后面的内容。

立生超市经营中有如下数据：
- ✓ 商品名称
- ✓ 员工身份证号码
- ✓ 供货商地址
- ✓ 员工身份证扫描件
- ✓ 生产商宣传片
- ✓ 店面语音广告

(1)请把上面的数据按字符串和字节串进行分类。

(2)谈一谈你对字符串类型和字节串类型的认识,说说它们之间的区别。

(3)在实际应用中,有些字段需要限制为只能是若干个字符串中的一个,如性别字段只能在"男""女"中选择。请找一找 MySQL 是怎样支持这类需求的?

(4)在促销活动中,顾客可以从提供的 3 种赠品("茶杯""抽纸""洗手液")中任选两样,如何在 MySQL 中对赠品字段的内容进行限制?

日积月累

SHUJUKU JICHU JI YINGYONG
——MySQL
RIJIYUELEI

1.字符串类型

字符串用于描述文字类数据,MySQL 提供 6 种字符串类型,用于适应不同长度的文字类数据的表示与存储。 其特性见表 3-5。

表 3-5　字符串类型

类型	存储字节	描述
char(M)	M(0~255)	由 M 个字符组成的定长字符串
varchar(L)	L(0~65535)+1	由最多 L 个字符组成的变长字符串
tinytext	L(0~255)+1	与 varchar 类似
text	L(0~65535)+2	
mediumtext	L(0~2^{24})+3	
longtext	L(0~2^{32})+4	

在书写字符串数据时,用单引号(`'`)或双引号(`"`)作定界符。 如果要在字符串中使用一些特殊控制字符,如回车、换行符等,或者是在 MySQL 系统中已定义特别用途的

字符，如单引号、双引号，不能像其他字符那样直接输入，而需要使用一种被称为转义字符的形式来表达。 转义字符由反斜线"\"与一个特定的字符组合而成，表示特殊的控制字符或定义了特别用途的字符。 MySQL 系统常用的转义字符见表 3-6。

表 3-6　MySQL 常用转义字符

转义字符(省略定界符)	代表的字符
\r	回车符
\n	换行符
\t	水平制表符
\b	退格符
\"	双引号
\'	单引号
\\	反斜线
\0	ASCII 值为 0 的字符

2.枚举和集合类型

MySQL 提供枚举和集合类型来支持一些字段的域约束。

● 枚举类型：使用 enum('字符串 1','字符串 2',…,'字符串 n')格式定义。 定义为 enum 类型的字段只能取定义列表中的某个值。

● 集合类型：使用 set('字符串 1','字符串 2',…,'字符串 n')格式定义。 定义为 set 类型的字段只能取定义列表中若干值的组合。

3.字节串类型

字节串类型用于描述二进制字节数据，其特性见表 3-7。

表 3-7　字节串类型

类型	存储字节	用途
binary(n)	n（0~255）	二进制形式的数据
varbinary(n)	n(0~65535)	
tinyblob	最大 255	
blob	最大 65535	常用于存储图片、声音、视频数据
mediumblob	最大 167772150	
longblob	最大 4294967295	

其中还包括位串类型 bit(n)，n 取 1~64。 其字面量书写，如 b'101'或 0b101。

眼下留神 SHUJUKU JICHU JI YINGYONG —MySQL YANXIALIUSHEN

- 在满足应用要求的前提下，尽量使用"短"数据类型，以节省存储空间并提高数据处理的效率。
- char 和 varchar 的长度单位是字符，binary 和 varbinary 的长度单位是字节。前者用于文字字符串的处理，后者用于二进制字节数的处理。
- 在输入日期时间数据时，建议采用' YYYY '、' D HH:MM:SS '、' YYYY-MM-DD '、' YYYY-MM-DD HH:MM:SS '可读性好的字符串格式。
- 建议字符串数据约定使用单引号（"）作为定界符。当定界符为单引号时，字符串中的双引号自动转义成普通字符，反之亦然。反斜线后面如果不是用于表示转义的特定字符，不起转义作用，仍是它自己。
- 在存储末尾有空格的字符串（' mysql '）时，char 将删除尾部空格，而 varchar 则保留尾部空格。字符串的前导空格不做任何处理。
- binary 和 varbinary 在存储二进制字节数时，如果数据的字节数小于指定的长度，binary 在右边填 0 补足长度，varbinary 则存储实际字节数。

∷ 我来挑战

试一试，按你对数据类型的理解，为立生超市进货清单中的字段名设计合理的字段类型和长度。

►任务评价

一、填空题

1.整数类型中，_____ 的取值范围最小，_____ 的取值范围最大。

2.MySQL 中使用 _____ 和 _____ 来表示小数。

3.如果要表示年、月、日、时、分、秒，一般使用 _____ 类型。

4.字符串数据类型分为 _____ 类型和 _____ 类型两种。

5.varchar 类型字段保存的最大字符数是 _____ 。

6.bit 类型的数据以_____为单位进行存储。

7.一个数据表中需要存放图片、声音等媒体信息,使用_____型字段。

8.若要输入字符串数据,可以使用的定界符有_____。

二、选择题

1.下列不是数值型数据的是(　　　)。

    A.double   B.int   C.set   D.float

2.下列正确的整型常量是(　　　)。

    A.121   B.3.5   C.2.7E2   D.' 12 '

3.MySQL 中定义 decimal 类型的数,如果不声明精度和标度,则系统按(　　　)进行显示。

    A.decimal(12,0)   B.decimal(10,0)   C.decimal(13,0)   D.decimal(11,0)

4.在表中插入记录时,如果不给该字段赋值,该字段返回系统当前时间的数据类型是(　　　)。

    A.timestamp   B.datetime   C.now   D.nowtime

5.decimal 是(　　)数据类型。

    A.可变精度小数   B.整数

    C.双精度浮点数   D.单精度浮点数

6.下列是字符常量的是(　　　)。

    A." "   B.{ }   C.[ ]   D.null

7.float 类型数据占4个字节,则 double 类型数据占(　　　)个字节。

    A.1   B.2   C.4   D.8

三、判断题

1.MySQL 的常用数据类型有数值型、字符型、记录型、日期时间型。　　　　　　(　　　)

2.显示宽度和数据类型的取值范围有关。　　　　　　　　　　　　　　　　　(　　　)

3.MySQL 允许"不严格"语法。　　　　　　　　　　　　　　　　　　　　　(　　　)

4.date 类型比 year 类型占用更少的空间。　　　　　　　　　　　　　　　　(　　　)

5.字符串"2008@08@15"可表示2008年8月15日。　　　　　　　　　　　　(　　　)

6.所有 timestamp 列在插入 NULL 值时,自动填充为当前日期和时间。　　　　(　　　)

四、简述题

1.简述 blob 和 text 的区别。

2.简述数据类型 varchar 与 char 的区别,以及 varchar(50)中"50"代表的含义。

[任务二]

实现数据运算

"立生超市管理系统"需要对各种业务数据进行运算和处理,以便真实地反映超市的经营状况。MySQL 提供了丰富的运算操作来支持数据处理。本任务中,你将和庄生一起去使用 MySQL 支持的各种运算符来完成经营过程中需要的数据运算。为此,需要你们能够:

- 描述运算符的运算规则和优先级;
- 使用运算符构造处理数据的表达式;
- 正确计算表达式的值。

一、计算数值数据

微 课

数值数据的运算

"立生超市管理系统"中涉及大量的数据计算操作,如顾客购物的金额、日营业额、某类商品库存总额、会员积分兑换等。MySQL 提供的算术运算符能满足这类数据处理的需求。请根据表 3-8 所示的购物清单和生活经验完成后面的内容。

表 3-8　顾客在立生超市的一次购物清单

名称	数量	单价/元	小计/元
红茶	2	4.00	
口香糖	2	8.00	
牛奶	10	4.50	
总计			

(1)请完成表 3-8 中每行的小计和总计数据的计算,并在下面写出用到的算式,看看都使用了哪些运算符? 试一试,在 mysql 客户端程序中,使用形如"select 你的算式;"的命令进行测试。

(2)如果现在有优惠活动,所有商品打 9 折,请算算应给顾客优惠多少钱? 写出对应的算式。

（3）你能描述什么是表达式吗？

（4）当算术表达式中出现多个运算符时，应该按怎样的顺序进行运算呢？

日积月累

SHUJUKU JICHI JI YINGYONG
—MySQL
RIJIYUELEI

1.算术运算符和算术表达式

MySQL 采用特定的符号来表达对数据的操作，这些符号就是运算符。 参与运算处理的数据称为操作数。 使用运算符把操作数连接起来表达数据操作的字符序列称为表达式。 MySQL 的算术运算符见表 3-9。

表 3-9　算术运算符

运算符	名称	表达式	说明
+	加	x+y	求 x、y 之和
−	减	x−y	求 x、y 之差
*	乘	x * y	求 x、y 之积
/	除	x/y	求 x、y 之商
%	模运算	x%y	求 x 除以 y 的余数

2.算术运算符的优先级

运算符的优先级是指在一个表达式中运算符执行的先后顺序，先执行的优先级高，反之优先级低。 小括号"（ ）"可以改变运算的优先顺序，表达式中有小括号时，要先执行小括号中的运算。

算术运算符的优先级顺序从高到低为：−（取负）、*、/、%，+、−。

3.数学表达式转换成 MySQL 表达式的方法

- 使用 MySQL 运算符替代数学表达式中的运算符。
- 按需要添加小括号使 MySQL 表达式与数学表达式有相同的运算顺序。

二、利用关系运算表达简单条件

微课

关系运算及条件
的表达

在"立生超市管理系统"中需要根据数据之间的大小关系来执行特定的数据处理。MySQL 提供了丰富的运算符来表达数据之间的大小关系，可以表达多种多样的数据操作条件。请根据下面提供的业务系统中可能出现的条件判定，并参考图 3-1 和图 3-2 所示的测试，完成后面的内容。

- 商品名称 uname 是否为红牛;

- 顾客的订购数 onum 是否超过库存数 mnum;

- 商品价格 sprice 在 10 元及以上和 50 元及以下;

- 顾客选购的商品是否是家电(家电商品编号以 jd 开头);

- 顾客选购的商品名 uname 是否是酱油、醋和味精中的一种。

(1)请写出能表达上述条件的表达式。

(2)仿照图 3-1 和图 3-2 的方式上机实验,进行关系运算测试,然后对运算结果进行分析。你认为表达的关系成立和不成立时,关系表达式的结果各是什么? 在 MySQL 中是用什么来表示的?

图 3-1　关系运算(1)

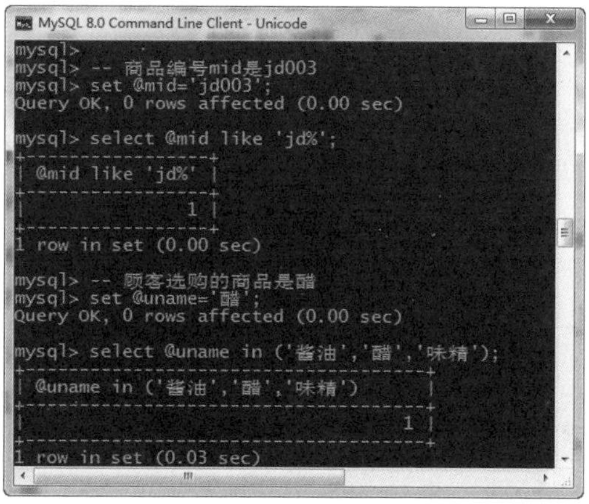

图 3-2　关系运算(2)

（3）猜一猜,图 3-1 中出现的 set @ sprice = 22;语句起什么作用? select @ sprice between 10 and 50;语句又有什么作用?

（4）在 mysql 客户端执行语句 select @ weight+5;,根据运行结果,猜一猜变量@ weight 的值是多少? 然后执行 select @ weight is null;和 select @ weight<=>null;,从运行结果你能确定变量@ weight 的值吗?

日积月累　SHUJUKU JICHU JI YINGYONG —MySQL RIJIYUELEI

1.关系运算符与关系表达式

关系运算就是比较数据大小关系的运算。 用关系运算符连接两个操作数即构成关系表达式。 关系表达式所表示的关系成立,其结果为真（true）,MySQL 用数值 1 表示,否则,关系表达式结果为假（flase）,用数值 0 表示。 关系表达式的这种运行结果称为逻辑数据,逻辑数据只有 true 和 false 两个值。 MySQL 的关系运算符见表 3-10。

表 3-10　关系运算符

运算符	示例	说明
=	x = y	判断 x 是否等于 y
<=>	x<=>y	判断 x 是否安全等于 y
! =、<>	x! = y、x<>y	判断 x 是否不等于 y
>	x>y	判断 x 是否大于 y
>=	x>=y	判断 x 是否大于等于 y
<	x<y	判断 x 是否小于 y
<=	x<=y	判断 x 是否小于等于 y
between…and	z between x and y	判断 z 是否在 x、y 之间,包括 x 和 y
in（…）	x in（v1,v2,…,vn）	判断 x 是否取小括号中列出的任意值
is null	x is null	判断 x 是否为 null 值
is not null	x is not null	判断 x 是否不为 null 值
like	x like <通配串>	判断 x 是否匹配通配字符串的定义
regexp	x regexp <模式串>	判断 x 是否匹配模式字符串的定义

使用说明:

- 运算符<=>称为安全等于,规则与等于(=)相似,但可用于比较 null 值。
- null 代表空值,即没有值的意思。 未定义的用户变量的取值就是 null。
- 通配串就是指包含通配符%(表示 0 个或多个任意字符)和_(代表 0 个或 1 个任意字符)。
- 模式串也称为正则表达式,是使用匹配符、限定符、位置符等组成的字符串模式。 例如,@ mname regexp '油 $'当@ mname 的最末字符是"油"时,则匹配模式串。 正则表达式参见附录Ⅱ。

2.关系大小比较规则

两个数值数据直接比较其值的大小。

两个字符串比较相同位置上字符的编码大小。

字符串和数值数据比较,字符串自动转换成数值后,比较数值大小。

有空值 null 参与的比较,其结果为 null,安全等于(<=>)例外。

三、使用逻辑运算来表达复杂条件

一个关系表达式能表达一个简单的条件,当要表示复杂条件时,则需要把多个关系表达式连接起来。关系运算的结果是逻辑值,连接关系表达式的运算就是逻辑运算。图 3-3 展示了逻辑运算的执行情况,请上机验证后完成后面的内容。

微 课

逻辑运算的规则

图 3-3　逻辑运算

（1）请按图 3-3 所示的要求和操作上机验证，并为变量 @ tcost 和 @ mname 设计若干值重复实验，记录表达式的运行结果。分析归纳运算符 and、or、not 的运算规则。

（2）写出与表达式 @ tcost between 5000 and 8000 等价的逻辑表达式。

（3）与表达式 @ mname in（'面包','蛋糕'）等价的逻辑表达式是什么？

四、使用位运算简化查询操作

庄生想统计每周以及每天有多少顾客来购物，他想到用 7 个变量 day0—day6 来存储每天顾客是否购物的状态，值为 1 表示购物，0 表示未购物，结果他发现实际操作起来很烦琐。后来他得知可以使用 MySQL 的位运算来简化这类操作，下面是庄生的新设计，参考图 3-4 所示的相关操作，完成后面的内容。

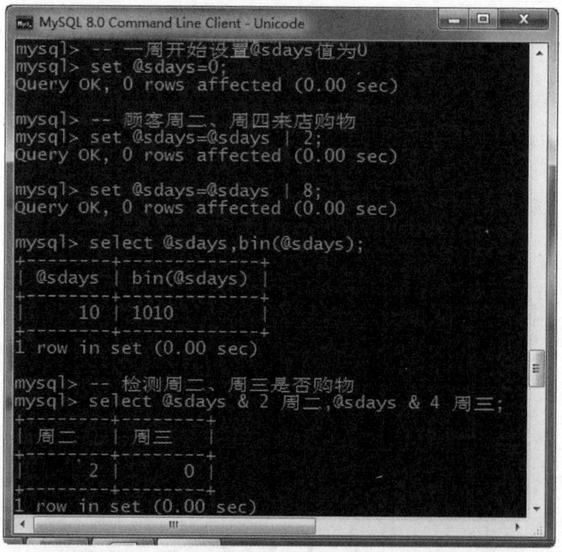

图 3-4　位运算

庄生使用一个变量 sdays 来存储顾客的购物状态，把整数的二进制位与每周的每天对应，具体为 0 号位对应周一，1 号位对应周二，以此类推，6 号位对应周日；某位值为 1 时表示当日购过物，为 0 时表示未购物。表 3-11 中最后一行的示例为某顾客一周中周一、周二、周五、周日到店购物的状态。

表 3-11　变量 sdays 值各二进制位定义

购物日	周日	周六	周五	周四	周三	周二	周一
位序号	6	5	4	3	2	1	0
位权值	64	32	16	8	4	2	1
sdays	1	0	1	0	0	1	1

从表 3-11 中可知 sdays 的值分别为 1、2、4、8、16、32、64,表示周一至周日某一天购物了。如果周一、周二两天购物,sdays 的值是 3,周二、周四和周六三天购物,sdays 的值则为 42,sdays 的值正好是购物天对应二进制数位上权之和。反之,知道 sdays 的值,通过检测每个二进制位的值可得知顾客的购物状态。

(1)请列出图 3-4 中记录顾客购物状态的语句,然后把运算的数据转换成二进制数,用竖式演算其运算过程并结合变量的结果,分析运算符"丨"的运算规则,并自行设计数据进行验证。

(2)指出检测某天是否购物的方法。运算结果是怎样反映购物状态的? 把检测表达式中的数据转换成二进制数,仍用竖式演算其运算过程并结合变量的结果,分析运算符"&"的运算规则,并自行设计数据进行验证.

日积月累

SHUJUKU JICHU JI YINGYONG
—MySQL
RIJIYUELEI

1.逻辑运算符与逻辑表达式

逻辑运算符用于连接关系表达式组成复杂的条件表达式,常见的逻辑运算有非、与、或和异或 4 种,它们的运算符和运算规则见表 3-12。

表 3-12　逻辑运算符及运算规则

逻辑运算	运算符	表达式	运算规则说明
非	not(!)	! A	对 A 取反
与	and(&&)	A && B	A 与 B 同时为真,表达式为真,其他情况为假
或	or(‖)	A ‖ B	A 与 B 同时为假,表达式为假,其他情况为真
异或	xor	A xor B	A 与 B 相异为真,相同为假

A、B 代表值为逻辑型数据的操作数。　MySQL 8 不推荐使用!、&&、‖。

2.位运算

位运算是在二进制数位上进行的运算,MySQL 常见的位运算符见表 3-13。

表 3-13　位运算符及运算规则

位运算	运算符	表达式	运算规则说明
非	~	~a	对 a 的各二进制位逐位取反
与	&	a & b	a、b 对应二进制位同为 1，结果为 1，其余为 0
或	|	a | b	a、b 对应二进制位同为 0，结果为 0，其余为 1
异或	^	a ^ b	a、b 对应二进制位相异结果为 1，相同为 0
右移位	>>	a >> n	a 的各位向右移动 n 位，左边位补 0
左移位	<<	a << n	a 的各位向左移动 n 位，右边位补 0

　　操作数 a、b 先转换成二进制数据，然后执行位运算，最后结果转回二进制数，以方便阅读。

　　3.客户连接会话中定义变量

　　set @{变量名}={表达式}；

　　用法说明：

- "@"是用户会话变量的标识，必须置于变量名前。
- 变量名是变量的标识符，由字母、数字、下划线组成，数字不能排首位。
- "="赋值号，用于把"表达式"的值存入变量对应的内存空间中。

眼下留神　SHUJUKU JICHU JI YINGYONG —MySQL　YANXIALIUSHEN

- 在满足应用要求的前提下，尽量使用"短"数据类型，以节省存储空间并提高数据处理的效率。
- 在除法运算和模运算中，如果除数为 0，将是非法除数，返回结果为 null。
- 字符串与字符串或数值数据进行算术运算时，字符串自动转换成数值数据然后进行运算。
- 关系运算和逻辑运算的结果是逻辑型数据，MySQL 用 1 表示逻辑真，用 0 表示假。可以用可读性好的标识符来表示逻辑值，即用"true"表示逻辑真，用"false"表示逻辑假。
- MySQL 中任何基本数据值都可作为逻辑值来使用，规定非 0 值为真，0 值为假。但 null 不能当成逻辑值使用。
- MySQL 默认的字符集 utf8mb4 的排序规则不支持汉字的大小比较，如果需要比较汉字大小，需要把字符集改成 gb2312 或 gbk。utf8mb4 的默认排序规则 utf8mb4_0900_ai_ci 不区分英文字母大小写。
- 通常逻辑运算用于连接关系表达式来表达复杂条件。MySQL 的逻辑运算符可以连接其他类型的表达式，这时其他类型表达式的值将视为逻辑数据对待。

⁙ 我来挑战

分析下面表达式的运算结果，然后上机验证。

（1）7/2　　'199'+1　　'199'+'1'　　'20'＊5　　'20'/'5'

（2）5 in（1,3,'5'）　　'gopher' like 'go%'　　　　'gopher' like 'go'
　　10 between 10 and 30　　　@ m is null

（3）@ u＝null　　@ u<=>null　　''=false　　null=false　　null<=>false
　　10 and 20　　0.0 or 0.1　　'' or '0'　　not ' '　　111 xor '111'

（4）15 &8　　15|8　　15^8　　8>>1　　8<<1

日积月累

SHUJUKU JICHU JI YINGYONG
—MySQL
RIJIYUELEI

　　在一个复杂表达式中，往往混合使用多种运算，要得到表达式的正确结果，必须明确哪些运算先进行，哪些运算后进行，这将由运算符的优先级来决定。同时还要考虑操作数与运算符的结合方向，分为从左向右的左结合和从右往左的右结合。MySQL 定义的运算符优先级与结合性见表3-14。

表 3-14　MySQL 运算符的优先级与结合性

优先级	运算符	结合性
1	（）	—
2	not、~、-（取负）	右结合
3	^	左结合
4	＊、/、%	
5	+、-	
6	>>、<<	
7	&	
8			
9	=、<=>、>、>=、<、<=、!=、is、like、in、regexp	
10	between	
11	and	

续表

优先级	运算符	结合性
12	xor	左结合
13	or	
14	=、:=（在 select 中为变量赋值）	右结合

说明：

①优先级数字越小，优先级越高。

②not、~、-（取负）只有一个操作数，称为单目运算符，有两个操作数的称为双目运算符，between 和 in 是多目运算符。

③小括号"（）"用于在表达式中调整计算的优先顺序。

▶任务评价

一、填空题

1.运算符的类型主要包括算术运算符、_____、逻辑运算符和_____

_____。

2.算术运算符的优先级顺序是_____。

3._____又称为布尔运算符，用来确定表达式的真和假。

4.比较运算符可以用于比较数字、_____和_____的值。

5.在除法运算和取余运算中，如果除数为 0，那么返回结果为_____。

6.逻辑运算符按优先级由低到高排列为_____。

7."位与"对多个操作数的_____位做逻辑与操作。

8.表达式 78/5 的值是_____，表达式 78%5 的值是_____。

二、选择题

1.MySQL 支持的算术运算符不包括（   ）。

    A. *　　　　　　　　B.div　　　　　　　　C.mod　　　　　　　　D.in

2.MySQL 支持的比较运算符不包括（   ）。

    A.between　　　　　B.like　　　　　　　C.regexp　　　　　　D.and

3.2&3 的结果是（   ）。

    A.2　　　　　　　　B.3　　　　　　　　　C.10　　　　　　　　D.11

4.日期数据按（   ）进行比较。

    A.数值　　　　　　　B.年月日　　　　　　C.逐位　　　　　　　D.ASCII 值

5.运算符 &&、&、+、! 中优先级最低的是(　　　)。

    A.&&　　　　　　　B.&　　　　　　　C.+　　　　　　　D.!

6."null is null",返回值为(　　　)。

    A.0　　　　　　　B.1　　　　　　　C.NULL　　　　　D.不确定

7.条件"in（20,30,40）"表示(　　　)。

    A.年龄在 20 到 40 之间　　　　　　B.年龄在 20 到 30 之间

    C.年龄是 20 或 30 或 40　　　　　　D.年龄在 30 到 40 之间

8.与单价 5~8 的条件 between 5 and 8 等价的是(　　　)。

    A.单价>=5 or 单价<=8　　　　　　B.单价>5 or 单价<8

    C.单价>=5 and 单价<=8　　　　　　D.单价>5 and 单价<8

三、判断题

1.比较运算符的运算结果只能是 0 和 1。　　　　　　　　　　　　(　　　)

2.regexp 表达式可以完全替换 like 表达式。　　　　　　　　　　(　　　)

3.! 运算符的优先级最高。　　　　　　　　　　　　　　　　　　(　　　)

4.十进制的数也可以直接使用位运算符。　　　　　　　　　　　　(　　　)

5.null 不能用于"="比较,能用于"<>"比较。　　　　　　　　　　(　　　)

6.字符可以参与算术运算。　　　　　　　　　　　　　　　　　　(　　　)

7.逻辑值的"真"和"假"可以用逻辑常量"true"和"false"表示。　　(　　　)

四、按要求写出正确的表达式

1.交易数量是小于 10 的数。

2.用户类型可以有收银员、采购员、经理、库管。

3.商品名称为"水果"或"饼干"。

4."库存数量"的值在 200~500。

5.会员积分在 560 分以上的女性会员。

[任务三]

使用系统函数

    在"立生超市管理系统"中,庄生发现一些数据处理不能直接使用运算符定义的操作来完成,如对交易金额四舍五入或取整数、从身份证号码中获取出生日期、获得当前的日期、对用户的密码进行加密处理、转换数据的类型等。这些数据处理需要使用 MySQL 提供的系统函数来实现。系统函数实质是一个个包装好的程序,用于满足用户特定的数据处理需求。本任务中，你将和庄生一起去探索 MySQL 系统函数的使用，解决管理中的特殊数据处理需求。为此，需要你们能够：

- 描述 MySQL 系统函数的分类及作用；
- 掌握 MySQL 系统函数的使用方法；
- 正确选择 MySQL 系统函数进行数据处理。

微课

数学函数的功能

一、使用数学函数

MySQL 的数学函数用于执行数值数据的特定运算。请参考图 3-5 和图 3-6 所示的数学函数在数据处理中的应用，完成后面的内容。

```
+--------+---------+----------+
| abs(9) | abs(-9) | pi()     |
+--------+---------+----------+
|      9 |       9 | 3.141593 |
+--------+---------+----------+
1 row in set (0.00 sec)

mysql> select ceil(3.9),floor(3.9);
+-----------+------------+
| ceil(3.9) | floor(3.9) |
+-----------+------------+
|         4 |          3 |
+-----------+------------+
1 row in set (0.00 sec)

mysql> select rand(),rand();
+--------------------+----------------------+
| rand()             | rand()               |
+--------------------+----------------------+
| 0.7835192818041139 | 0.047291681214507 37 |
+--------------------+----------------------+
1 row in set (0.00 sec)
```


图 3-5　数学函数(1)

```
mysql> set @fn=361.837;
Query OK, 0 rows affected (0.00 sec)

mysql> select round(@fn,2),round(@fn,-2);
+--------------+---------------+
| round(@fn,2) | round(@fn,-2) |
+--------------+---------------+
|       361.84 |           400 |
+--------------+---------------+
1 row in set (0.00 sec)

mysql> select truncate(@fn,2),truncate(@fn,-2);
+-----------------+------------------+
| truncate(@fn,2) | truncate(@fn,-2) |
+-----------------+------------------+
|          361.83 |              300 |
+-----------------+------------------+
1 row in set (0.00 sec)

mysql> select pow(2,5),sqrt(81);
+----------+----------+
| pow(2,5) | sqrt(81) |
+----------+----------+
|       32 |        9 |
+----------+----------+
1 row in set (0.00 sec)
```


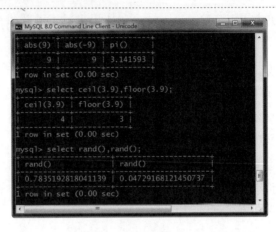

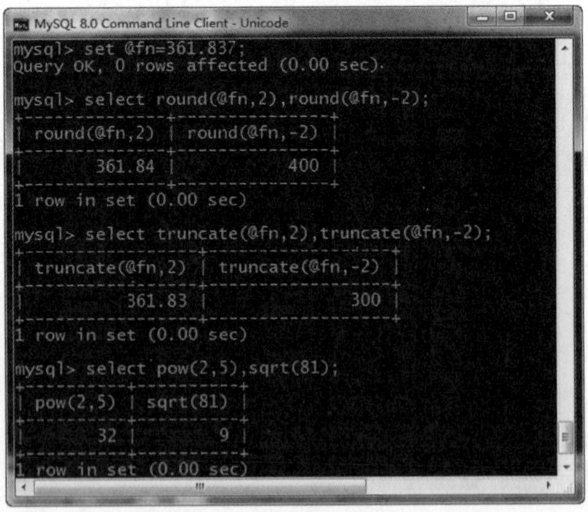

图 3-6　数学函数(2)

（1）按照图 3-5 和图 3-6 所示的操作上机实践，体验数学函数在数值数据处理中的应用，然后分别说明各函数的功能并写出函数的原型。

（2）你是否发现有的数学函数在使用时，函数名后的小括号中需要提供数据，有的不需要。想一想，不需要提供数据的函数小括号可以省略吗？提供的数据又有什么作用呢？

（3）试分析 ceil(-3.9)、floor(-3.9)函数调用后返回的结果。

（4）通过实践，你认为要正确使用系统函数，需要知道哪些信息？

二、使用日期时间函数

微课

日期时间函数的功能

在立生超市的经营中，进货、商品出入库、顾客购物等业务活动都与日期时间紧密相关。参考图 3-7 所示的对日期时间数据进行的操作，完成后面的内容。

图 3-7　日期时间函数

（1）按照图 3-7 所示的操作上机实践,体验日期时间函数在日期时间数据处理中的应用,分别说明各函数的功能并写出函数的原型。

（2）你知道 weekday( )返回值与人们习惯的每周各天表示方式的对应关系吗?

微课

字符串函数的
功能

三、使用字符串函数

字符串在"立生超市管理系统"中使用较多,商品、顾客、供应商的名称,密码,电话号码,交易编码,地址等都是字符串。请参考图 3-8 和图 3-9 所示的字符串函数在字符串数据处理中的应用,完成后面的内容。

图 3-8　字符串函数(1)

图 3-9　字符串函数（2）

（1）按照图 3-8 和图 3-9 所示的操作上机实践，体验字符串函数在字符串数据处理中的应用，分别说明各函数的功能并写出函数的原型。

（2）获取字符串长度的函数 char_length( ) 和 length( ) 的结果有什么不同？

（3）你是否知道取子字符串的 substring( )、right( )、left( ) 函数中，位置和长度以什么为单位？

（4）请分析，比较字符串大小的函数 strcmp( ) 返回的值是如何反映两个字符串的大小关系的？

微 课

四、使用加密函数

在"立生超市管理系统"中，员工的用户密码需要加密后存储，以防他人使用员工密码进入系统进行操作。请参考图 3-10 完成数据的加密操作。

加密函数的使用

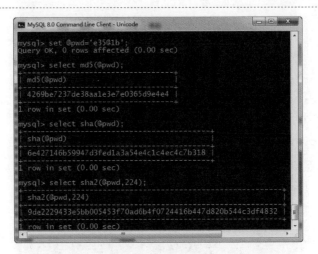

图 3-10　加密函数

（1）按照图 3-10 所示的操作上机实践，体验数据加密操作。你知道加密操作中明文和密文指的是什么吗？

（2）从 3 个加密函数的结果来看，哪个更安全？为什么？

（3）加密函数 sha2( )的原型是 sha2(｛明文字串｝,｛加密长度｝)，加密长度可以为 224、256、384、512 和 0。请依次设置加密长度对同一明文进行加密操作，观察密文的变化。通过实验，分析加密长度与加密等级有何关系？加密长度为 0 时，还执行加密操作吗？

微课

数据转换函数的使用

五、使用数据转换函数

在数据处理过程中，我们采集到的初始数据往往不能直接满足具体的运算要求，需要进行数据数制、数据类型、数据模式等的转换。请参考图 3-11 和图 3-12 中数据的各种转换操作，完成后面的内容。

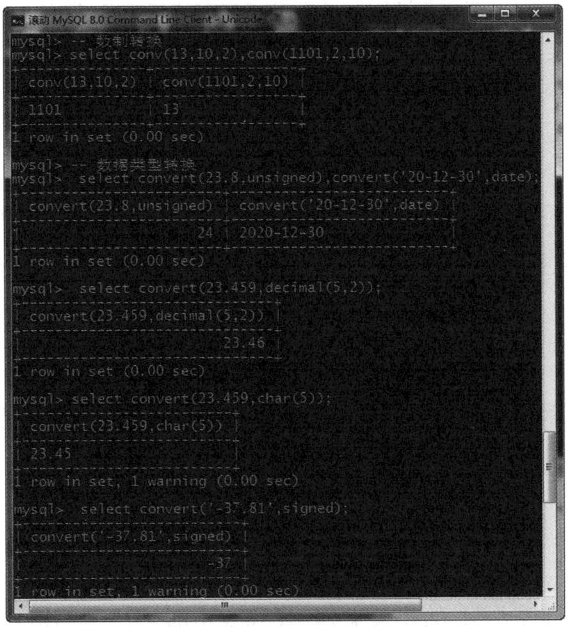

图 3-11　转换函数(1)

图 3-12　转换函数(2)

(1)按照图 3-11 和图 3-12 所示的操作上机实践,体验数据数制转换和数据类型转换操作,归纳所有函数的原型说明。

(2)试一试,把十六进制数 2c 转换成十进制数和二进制数,写出函数调用语句和函数的返回结果。

（3）试一试，是否可用类型转换函数实现四舍五入取整的功能？写出与 round（-25.78）、round（25.78）功能相同的类型转换函数的调用语句。

（4）你能把字符串"2021-1-1 12：30"转换成日期时间类型的数据吗？写出实现的函数调用语句并上机验证。

（5）请测试在默认情况下能否正确比较汉字字符串的大小关系？怎样才能对有汉字的字符串的大小进行比较？

（6）请搜索查询 MySQL 的相关文档，找到表示时、分、秒的格式字符，然后把当前日期时间数据的年、月、日和时、分、秒转换成一个字符串，写出相应的函数调用语句。

六、使用系统信息函数

在数据库管理工作中，需要清楚掌握系统的相关信息，通过使用系统信息函数可得到需要的系统信息。请参考图 3-13 所示的获得系统信息的方法，完成后面的内容。

图 3-13　系统信息函数

（1）按照图 3-13 所示的操作上机实践,然后说明在什么情况下需要使用系统函数?

（2）试一试,给函数 charset( )、collation( ) 提供不同的字符串参数,它们的返回值是什么? 说明了什么?

1.数学函数（见表 3-15 ）

表 3-15　MySQL 常用数学函数

函数原型	功能说明
abs(x)	返回 x 的绝对值
pi( )	返回圆周率
ceil(x)	返回大于 x 的最小整数
floor(x)	返回小于 x 的最大整数
rand( )	返回[0,1]之间的随机浮点数
round(x,n)	返回 x 四舍五入保留 n 位小数
truncate(x,n)	返回 x 截断保留 n 位小数
pow(x,n)	返回 x 的 n 次方
sqrt(x)	返回 x 的平方根

2.日期时间函数(见表 3-16)

表 3-16　MySQL 常用日期时间函数

函数原型	功能说明
curdate( )	返回当前日期
curtime( )	返回当前时间
now( )	返回当前日期时间
week(d)	返回日期 d 是一年中的第几周
weekday(d)	返回日期 d 是一周中的第几天
year(d)	返回日期 d 中的年份

续表

函数原型	功能说明
month(d)	返回日期 d 中的月份
day(d)	返回日期 d 中的日期
hour(d)	返回日期 d 中的小时
minute(d)	返回日期 d 中的分钟
second(d)	返回日期 d 中的秒

3.字符串函数(见表 3-17)

表 3-17　MySQL 常用字符串函数

函数原型	功能说明
char_length(s)	返回字符串 s 的字符个数
length(s)	返回字符串 s 的字节长度
concat(s1,s2)	返回字符串 s1、s2 首尾相连的字符
trim(s)	返回截取字符串 s 两端空格后的字符串
ltrim(s)	返回截取字符串 s 左端空格后的字符串
rtrim(s)	返回截取字符串 s 右端空格后的字符串
upper(s)	把字符串 s 中的字母转换成大写后返回
lower(s)	把字符串 s 中的字母转换成小写后返回
substring(s,m,n)	返回字符串 s 中从第 m 个字符开始的由 n 个字符组成的子字符串
right(s,n)	返回字符串 s 中从右边开始的 n 个字符组成的子字符串
left(s,n)	返回字符串 s 中从左边开始的 n 个字符组成的子字符串
repeat(s,n)	返回字符串 s 重复 n 次的字符串
space(n)	返回 n 个空格组成的字符串
strcmp(s1,s2)	比较字符串 s1 和 s2 的大小。s1>s2 时,返回 1;s1 = s2 时,返回 0;s1<s2 时,返回−1
locate(s1,s2)	返回字符串 s1 在字符串 s2 中的起始位置

4.加密函数(见表 3-18)

表 3-18　MySQL 常用加密函数

函数原型	功能说明
md5(s)	返回字符串 s 的 128bit 消息摘要串
sha(s)	返回字符串 s 的 160bit 安全哈希值
sha2(s,n)	返回字符串 s 指定长度为 n 的安全哈希值。n 的值可以是 224、256、384、512 和 0

5.数据转换函数(见表 3-19)

表 3-19　MySQL 常用数据转换函数

函数原型	功能说明
conv(x,f,t)	返回 f 进制的 x 对应的 t 进制的数。f、t 的取值为 10、8、16、2
convert(x,t)	把 x 转换成 t 类型的数据,t 可以是 signed、unsigned、decimal (m.d)、char(n)、date、datetime、time、binary
convert(s using cs)	返回采用字符集 cs 编码的字符串 s。cs 是可能的字符集名称,如 gb2312、gbk 等
date_format(d,fs)	返回 fs 格式串定义的日期时间数据对应的字符串。常用格式字符%Y:4 位年份,%c:数字月份,%d:数字日期,%H:小时,%i:分钟,%s:秒

6.系统信息函数(见表 3-20)

表 3-20　MySQL 常用系统信息函数

函数原型	功能说明
version()	返回 MySQL 的版本号
connection_id()	返回连接会话中的 ID 号
user()	返回当前连接的用户
database()	返回当前选用的数据库
charset(s)	返回字符串所用字符集
collation(s)	返回字符串所用排序规则
last_insert_id()	返回 auto_increment 生成的最后 ID 号

眼下留神　SHUJUKU JICHU JI YINGYONG —MySQL　YANXIALIUSHEN

- 函数 last_insert_id() 的返回值与数据表中的字段设置了 auto_increment 自动增长约束相关。
- round() 和 truncate() 函数中的保留位数可以为负数,这时是对小数点左边的整数部分,按指定的位数进行四舍五入和截断。
- weekday() 的返回值加 1 即是人们习惯的星期几,如返回值为 0 表示星期一。 如果提供的参数是日期型数据,则 time()、hour()、minute()、second() 函数返回 0 值。
- substring()、right()、left() 取子串函数中字符的位置和长度以字符为单位,汉字也记为 1 个字符。 位置从 1 开始记,可以为负数,表示从字符串尾部开始从右向左确定字符位置。

▶任务评价

一、填空题

1.函数的输入值称为_____,输出值称为_____。

2.字符串函数主要用于处理_____。

3._____用来查询 MySQL 数据库的系统信息。

4._____主要用于对字符串进行加密解密。

5._____函数可以进行数据类型的转换。

6.返回 0~1 的随机值函数是_____。

二、选择题

1.下列数值函数取数值绝对值的是(   )。

    A.abs   B.cell   C.mod   D.floor

2.conact(' aaa ',' bbb ',' NULL ')的字符串连接结果是(   )。

    A.' aaa '   B.' bbb '   C.' aaabbbNULL '   D.NULL

3.下列能把字符串"chongqing2020"中的字母全部转换为大写的函数是(   )。

    A.lower   B.upper   C.repeat   D.concat

4.下列能比较字符串"S1"和"S2"的函数是(   )。

    A.strcmp   B.replace   C.repeat   D.concat

5.下列字符串函数,能返回字符串长度的是(   )。

    A.length   B.replace   C.repeat   D.rtrim

6.下列系统信息函数中,用于返回当前登录用户名的是(   )。

    A.database   B.version   C.charset   D.user

7.下列系统信息函数中,用于返回当前数据库名的是(   )。

    A.database   B.version   C.charset   D.user

8.下列用来计算两个日期之间相差天数的函数是(   )。

    A.datediff   B.date_add   C.date_format   D.dateofmonth

9.返回当前日期,只包含年、月、日的函数是(   )。

    A.curdate   B.curtime   C.now   D.quarter

10.返回日期 date 的月份值的函数是(   )。

    A.month   B.monthname   C.dayofmonth   D.minute

三、判断题

1.模数和被模数任何一个为 null,结果都为 null。 （ ）

2.利用 rand 函数可以取任意指定范围内的随机数。 （ ）

3.ltrim、rtrim、trim 函数既能去除半角空格,又能去除全角空格。 （ ）

4.md5( ) 是计算字符串的安全散列算法校验和。 （ ）

5.encode( ) 的结果是一个二进制字符串。 （ ）

6.返回日期 date 为一年中的第几周的函数是 dayofweek。 （ ）

7.数据类型的转换只能使用类型转换函数。 （ ）

成长领航   SHUJUKU JICHU JI YINGYONG —MySQL CHENGZHANG LIANGHANG

　　近几年,我国在数据库领域的发展突飞猛进,柏睿数据科技（北京）有限公司负责撰写了《SQL9075 2018 流数据库》技术标准,标志着我国已经触及数据库的技术内核。 之后,由柏睿数据科技（北京）有限公司主导制定了《AI-in-Database 库内人工智能》国际标准,表明中国在数据库领域正在迎头赶上。

　　作为青年学生,应该树立强烈的民族自豪感,相信我国能够在任何技术领域攻坚克难,最终步入世界前列。

项目四 / 建立数据库

　　"立生超市管理系统"经过前期的需求分析、概念设计和逻辑设计可得到一组优化的关系数据模式，接下来将在选择的 MySQL 数据库管理系统中，完成数据库的物理设计。 物理设计的主要任务是为有效、准确地实现逻辑数据模式选择适合应用需要的物理结构。 具体内容包括存储结构、存储位置和访问方法的设计。 在物理设计的基础上创建数据库、数据表，把超市的业务基础数据插入数据库，运行业务系统，并根据开展业务的需要不断维护数据库中的数据以准确反映超市的经营情况。 本项目需要你与庄生一起去了解数据库物理设计的内容与原则，认识 MySQL 数据库对象及作用，创建数据库，完成数据录入与维护，保障业务系统的正常运行。

　　完成本项目后，你将能够：

- 了解 MySQL 数据库的组成对象及作用；
- 知道数据库物理设计的内容与原则；
- 创建和使用数据库；
- 创建和修改数据表；
- 插入、更新和删除数据表中的数据；
- 创建和使用索引。

经过本项目的实践，将有助于你：

- 培养耐心、细致的工作习惯；
- 建立团队协作意识，有效提高沟通能力。

本项目对应的职业岗位能力：

- MySQL 数据库的初级维护能力。

[任务一]

认识 MySQL 数据库对象

本任务中,你将和庄生一起去探究 MySQL 数据库的组成对象及作用,并根据"立生超市管理系统"的应用要求完成数据库的物理设计,为在 MySQL 数据库管理系统中创建数据库做准备。为此,需要你们能够:

- 了解 MySQL 数据库的组成对象及作用;
- 了解数据库物理设计的内容和原则。

微课

数据库对象的
作用

认识 MySQL 数据库的组成对象及作用

在 MySQL 数据库管理系统中,其每个数据库都由多个"组件"构成,它们各司其职,协同向业务运行系统提供高效的数据支撑服务。通过第三方客户端可以直观地显示出 MySQL 数据库的组成对象,请参考图 4-1 和图 4-2 所示内容并查阅相关资料,完成后面的内容。

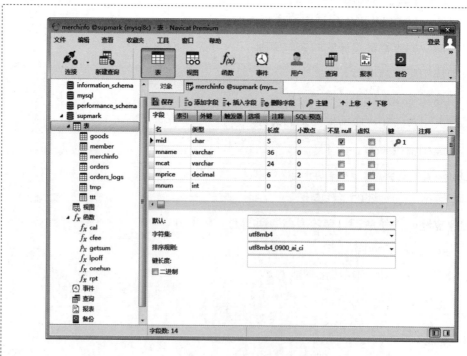

图 4-1　Navicat 客户端界面

图 4-2　MySQL 的数据文件

（1）图 4-1 所示的左侧格窗中以树形方式列出了当前 MySQL 管理的数据库，数据库"supermark"展开显示出其包含的组成对象，请列出你发现的数据对象。

（2）你认为数据库中的数据保存在什么对象中？它们在文件系统中又是保存在什么文件中呢？请参考图 4-2 所示内容。

（3）数据库"supmark"的数据存储在哪里？在什么文件中？

（4）日志文件记录了 DBMS 中发生的所有操作，是使数据库从故障恢复到正常状态的重要凭据。从图 4-2 中可以看出数据库的数据文件和日志文件存储在同一个磁盘中，请你分析这对数据库的数据安全会有什么影响？

1.MySQL 数据库的常见对象及用途

（1）表（Table）

表是数据表的简称，是 MySQL 数据库实际存储数据的地方。 数据库系统中的所有数据处理操作最终都是对数据表的操作。

（2）视图（View）

视图又称为虚表，它可以像数据表那样支持数据处理操作。 视图的数据可以来自一个或多个数据表，又把数据表称为基表。

（3）索引（Index）

索引是一种根据数据表列（字段）建立排序的结构，它可以提高检索特定数据的速度。

（4）存储过程（Procedure）和函数（Function）

存储过程是指存储在数据库中的用 SQL 语言编写的实现了某种数据处理功能的程序模块。 使用存储过程可以简化数据库管理并提高数据处理的效率。 函数是有返回值的存储过程。

（5）触发器（Trigger）

触发器是与存储过程类似的程序模块，但它是隶属于数据表的。 当数据表发生插入、更新、删除数据事件时，将相应地激活触发器程序执行，以完成特定的功能。

（6）用户（User）

用户是指使用数据库管理系统服务的用户账号，用户账号是管理员或应用程序使用DBMS 数据服务的凭证。 为不同的用户会设置与其角色相应的访问数据库的权限。

2.数据库物理设计任务和原则

物理设计就是为完成逻辑设计的数据库选择一个适合应用需要的物理结构。 其目的是有效、准确地实现逻辑数据模式。 具体任务是确定物理结构和评价物理结构。

物理设计包括：存储记录结构设计、数据访问方法设计和数据存储位置设计。

（1）存储记录结构设计

存储记录包括记录的组成、数据项的类型、长度，以及逻辑记录到存储记录的映射。存储记录是物理结构中数据的基本存取单位，一条存储记录可以对应多条逻辑记录。 所有存储记录的集合就是数据文件。 两种典型的存储结构：聚簇（Cluster）和索引（Index）。

● 聚簇是为了提高查询速度，把一个（或一组）属性上具有相同值的记录集中存储在一个物理存储块及相邻块中。 这个（或这组）属性称为聚簇码。

● 索引是对存储记录建立逻辑顺序，使用索引可以显著提高查询数据的速度。为数据表指定主键将自动创建唯一索引，既可以提高按主键查询数据的速度，还可防止重复值插入，保证了数据的实体完整性。

（2）数据访问方法设计

数据访问方法是指数据存储到外部存储器和从外部存储器检索数据的方法。 存储结构决定了可能的访问路径和存储方法。

访问路径由主访问路径和辅助访问路径组成。 主访问路径通过数据表的主键来检索，辅助访问路径由在非主属性上建立的索引来检索。

（3）数据存储位置设计

为提高数据库系统性能和数据安全性，一般会采取如下措施：

- 数据的易变部分和稳定部分分开存放；
- 经常存取和存储频率低部分分开存放；
- 数据表和索引分开存放；
- 日志文件和数据库对象分开存放；
- 备份与数据库文件分开存放。

（4）系统参数配置

DBMS 的默认配置可以满足大多数应用要求，如果应用有特别要求，就需要调整 DBMS 系统参数。 MySQL 在数据文件夹 data 下提供了配置文件 my.ini，修改该文件中的配置项来满足特定应用的要求。 具体可参考本模块任务二中"阅读有益"的内容。

眼下留神

SHUJUKU JICHU JI YINGYONG
—MySQL
YANXIALIUSHEN

- 在 MySQL 中，存储引擎定义了数据库的物理结构，用户只需要根据应用的需要，选择相应的存储引擎就能简单地完成数据库的物理设计。
- 数据表是数据模式在 DBMS 中的物理实现。 一个关系数据模式对应一个数据表。 数据表存储在操作系统的文件中。 既可以一个数据表存储为一个文件，也可多个数据表共享存储在一个文件中。
- 视图从应用程序的视角定义了数据访问需求，也就是说视图定义面向应用程序的子模式。 视图并不实际存储数据，它只存储访问数据的路径。
- 聚簇能大大提高依赖某个属性（或属性组）的数据查询速度。 对经常要进行连接操作的关系可以建立聚簇，对经常出现在相等比较条件（"="）中的属性，或关系中某个属性的值重复率高也可以建立聚簇。
- 对已有关系建立聚簇或改变聚簇码都要移动关系记录的物理存储位置，建立聚簇的系统开销大。 当与聚簇码无关的其他访问很少时，可以使用聚簇。 特别适用于对操作结果有排序、分组要求的场合。
- 索引存取方法根据应用要求确定在关系的哪些属性上建立索引来提高查询速度。 一般在查询或连接条件中的属性上建立索引。 索引不是越多越好，索引可以缩短数据访问时间，但同时增加了存储空间和索引维护开销，需要在两者之间进行权衡。

▶任务评价

一、填空题

1.在进行数据库的物理设计之前必须完成数据的_____模式设计。

2.MySQL 数据库中的_____实际上是一个虚表,虽然可以像数据表一样操作处理,实际上它的数据可能来自不同的数据表。

3._____是指存储在数据库中的用 SQL 语言编写的实现了某种数据处理功能的程序模块。

4.在数据库的存储记录结构设计中主要考虑记录的_____、_____以及_____等内容。

5.在 MySQL 数据库中,_____决定数据的访问路径和访问方法。

6.MySQL 的配置文件名是_____,可以修改此文件内容来满足特定的应用要求。

7.在 MySQL 中,用户可以通过选择不同的_____来简单完成数据库的物理设计。

二、选择题

1.在 MySQL 中,设计数据库的物理结构时主要考虑存储结构、存储位置和(　　　)。

  A.数据内容   B.计算机型号

  C.访问方法   D.数据表数量

2.在 MySQL 中,所有存储记录的集合就是(　　　)。

  A.数据表   B.数据文件

  C.数据库   D.数据库管理系统

3.在 MySQL 中,数据库典型的存储结构是聚簇和(　　　)。

  A.视图   B.索引   C.数据表   D.触发器

4.把一个属性上具有相同值的记录集中在一个物理存储块的数据结构是(　　　)。

    A.索引   B.视图   C.聚簇   D.指针

5.(　　　)是数据模式在 DBMS 中的物理体现。

    A.数据表   B.视图   C.索引   D.用户

6.下列各项不是 MySQL 数据库对象的是(　　　)。

    A.用户   B.数据文件   C.视图   D.索引

7.下列各项不属于 Innodb 存储引擎的逻辑结构的是(　　　)。

    A.表空间   B.页   C.段   D.记录

三、判断题

1.MySQL 数据库的核心组件是数据表。　　　　　　　　　　(　　　)

2.索引是一种独立的数据表,可以存储数据。　　　　　　　　(　　　)

3.当数据表发生插入、更新、删除事件时自动执行的程序是触发器。(　　　)

4.一条逻辑记录可以对应多条存储记录。　　　　　　　　　　(　　　)

5.聚簇可以提高数据表的更新速度,但会降低查询速度。　　　(　　　)

6.为方便查看和维护数据库,最好的方法是将日志文件和数据库对象存储在一起。

                                 (　　　)

7.视图中存放的是访问数据的路径。　　　　　　　　　　　(　　　)

四、简述题

1.简述 MySQL 数据库的组成对象。

2.数据库的物理设计包含哪几个方面?

[任务二]

创建 MySQL 数据库

    在 MySQL 数据管理系统中,使用数据库来统一管理相关的数据库对象,以方便为应用系统提供数据服务。在安装 MySQL 时,安装程序会自动为 MySQL 创建几个默认的系统数据库,它们为 MySQL 自身的运行提供数据服务。要让 MySQL 为管理信息服务,首先就是要创建数据库。在本任务中,需要你协助庄生为"立生超市管理系统"创建数据库。为此,需要你们能够:

- 认识 MySQL 系统数据库的作用;
- 创建、选用和删除数据库。

一、认识 MySQL 系统数据库

MySQL 服务器自身数据服务的实现也要依赖数据库,这些数据库被称为 MySQL 系统数据库。它们是在安装 MySQL 服务器的过程中自动创建的,通过命令客户端工具 mysql 登录到 MySQL 服务器,使用命令 show databases 可以查看当前 MySQL 服务器管理的数据库。请参考图 4-3,完成后面的内容。

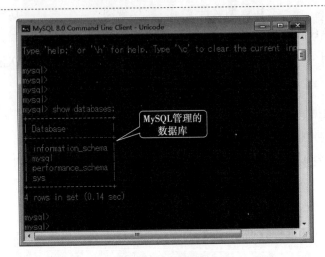

图 4-3　查看数据库

(1)请上机操作并记录你使用的 MySQL 服务器中有哪些数据库?与其他人的结果进行对比,相同的数据库有哪些?

(2)想一想,information_schema、mysql、performance_schema 和 sys 这 4 个数据库中有没有存储"立生超市管理系统"需要的业务数据?如果没有,是否可以不要它们?

(3)请借助参考资源或互联网,探究 MySQL 内置的数据库 information_schema、mysql、performance_schema 和 sys 各有什么作用?

二、创建数据库

创建数据库是使用数据库服务的首要工作。这里创建的数据库是一个容器,数据表、视图、索引、存储过程等对象将由数据库进行集中管理。由于 MySQL 同时管理着多个数据库,你要从中选择一个来使用。请参考图 4-4 所示的操作,完成后面的内容。

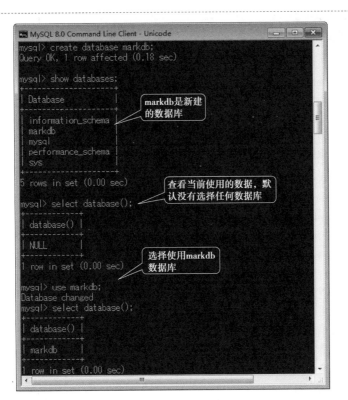

图 4-4　创建数据库

（1）请模仿图 4-4 所示的操作，在 MySQL 服务器中创建一个名为"mydb"的数据库并选为当前数据库。记录操作时使用的命令，然后归纳创建、选择数据库查看当前数据库的命令的使用方法。

（2）请思考，在同一个服务器中，能否创建名称相同的数据库？为什么？

（3）请讨论并为数据库的命名提出好的建议。

（4）使用命令"drop database {数据库名}"可以把不再使用的数据库从 MySQL 服务器中删掉。试一试，删除之前创建的 mydb 数据库。

（5）想一想，数据库删除后，数据库中的表、视图、索引、存储过程等对象还存在吗？对命令"drop database"的使用，你有什么建议？

1.MySQL 系统数据库及作用

（1）information_schema

该数据库保存有 MySQL 服务中所有数据库的元数据（Metadata，即字典数据），包括数据库、表、字段类型以及访问权限等相关信息。

（2）mysql

该数据库存储了 MySQL 服务器正常运行所需的各种控制和管理信息，是 MySQL 服务器的核心数据库。

（3）performance_schema

该数据库用于收集数据库服务器的性能参数，为 MySQL 服务器的运行提供底层的监控功能。

（4）sys

该数据库包含了一系列的视图，其数据来源于 performance_schema，让用户可以更好地解读其中的数据。 sys 数据库主要用于 MySQL 服务器性能调优和诊断。

2.数据库操作

（1）创建数据库

create database ｛数据库名｝；

（2）显示数据库

show databases；

（3）选用数据库

use ｛数据库名｝；

（4）删除数据库

drop database ｛数据库名｝；

- 在 MySQL 中，新建的数据库不会自动成为当前数据库，需要用 use 命令来选择当前数据库。
- MySQL 的数据库名可以由字母、数字和符号组成，数字不能排首位，不能使用系统保留字，应见名知意，长度控制在 32 个字符内；除下划线外，不建议使用其他符号，包括汉字字符；同一服务器中的数据库不能重名。
- 删除数据库时会同步删除隶属于该数据库的表、视图、索引、存储过程等对象，而且没有任何提示，一定要谨慎执行数据库的删除操作。

▶任务评价

一、填空题

1.在 MySQL 数据管理系统中，数据库对象由＿＿＿＿＿＿管理。

2.在 MySQL 中，用户查看自己权限下的数据库列表的命令是＿＿＿＿＿。

3.创建数据库就是在＿＿＿＿＿上划分一块区域用于数据的存储和管理。

4.MySQL 服务器的核心数据库是＿＿＿＿＿。

5.在使用数据库之前，首先要使用＿＿＿＿＿命令选择数据库。

6.在 MySQL 中，删除数据库 markdb 的命令是＿＿＿＿＿。

7.在配置文件 my.ini 中设置 MySQL 数据库的存放目录为 D:/mysql8/data 的命令格式为＿＿＿＿＿。

二、选择题

1.在 MySQL 中，不能作为数据库名的字符是（　　）。

　　A.汉字　　　　　　　B.数字　　　　　　　C.字母　　　　　　　D.系统保留字

2.下列各项中，能实现在当前用户下创建"超市"数据库的语句是（　　）。

　　A.Create databases 超市　　　　　　　B.Create database 超市;

　　C.Create database 超市　　　　　　　D.Create datebases 超市;

3.用于收集数据库服务器的性能参数，为 MySQL 服务器运行提供底层监控功能的数据库是（　　）。

　　A.information_schema　　　　　　　B.Mysql

　　C.performance_schema　　　　　　　D.sys

4.在 MySQL 的系统数据库中，访问数据库和表的权限存放在（　　）。

　　A.information_schema　　　　　　　B.mysql

　　C.performance_schema　　　　　　　D.sys

5.在没有选择数据库之前，在 MySQL 客户端用 select database 查看可选择的数据库时，系统回显（　　），表示当前没有数据库。

A.ERROR   B.NULL   C.NO DATABASE   D.NO TABLE

6.在 my.ini 文件中,MySQL 命令行客户端程序配置的参数节是(   )。

A.〔client〕   B.〔mysqld〕   C.〔mysql〕   D.〔server〕

7.下列各项中,能查询当前用户下数据库名中包含"chaoshi"的语句是(   )。

A.show databases like '%chaoshi%';   B.show database like '%chaoshi%'

C.show database like '%chaoshi%';   D.show databases like '%chaoshi ';

三、判断题

1.在 MySQL 中创建的数据库会自动成为当前数据库。   (   )

2.用户可以删除任何数据库。   (   )

3.删除 information_schema 数据库,可使系统运行更快。   (   )

4.在 MySQL 中,drop database 命令执行后会删除数据库,但会保留数据库中的表。

(   )

5.在 Linux 系统中,安装 MySQL 之前要先配置好 my.cnf 文件。   (   )

6.在同一个服务器中,不能创建名称相同的数据库。   (   )

7.数据库被删除后,数据库中的表、视图、索引、存储过程依然存在。   (   )

8.不小心删除了系统数据库,可以创建一个同名的普通数据库代替。   (   )

四、实作题

1.登录 MySQL 数据库。

2.查看数据库列表。

3.创建立生超市管理系统数据库"markdb"。

4.设置"markdb"为当前数据库,并查看其信息。

5.删除数据库"markdb"。

[任务三]   NO.3

创建数据表

　　数据表是数据库实际存储数据的数据库对象。创建数据表就是在 DBMS 系统中实现逻辑数据模式,具体有两个任务:一是创建数据表的结构,二是插入数据。本任务要求你和庄生一起为"立生超市管理系统"的数据库创建相关的数据表。为此,需要你们能够:

- 描述数据表结构的组成信息;
- 按逻辑数据模式的要求创建对应的数据表;
- 把数据插入到数据表中。

一、创建数据表

创建数据表就是根据逻辑数据模式确定数据表的字段信息,包括字段名、字段数据类型、字段长度以及字段在主键、唯一性、非空、默认值和外键等方面的约束。请从附录Ⅰ中获取"立生超市管理系统"数据库的逻辑数据模式和对应数据表的设计信息,参考图 4-5 和图 4-6 所示的创建数据表的方法,完成数据表的创建。

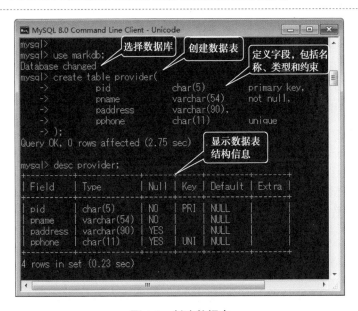

图 4-5　创建数据表

图 4-6　显示表结构

（1）请模仿示例上机完成供货商（provider）和商品信息（merchinfo）两个数据表的创建任务，并记录输入的命令。

（2）请说明在创建数据表之前，为什么需要选择数据库？

（3）在创建数据表时，需要提供哪些信息？数据表中每个字段需要从哪些方面来定义？试写出创建数据库命令的一般方法。

（4）在定义数据表的外键约束时，被参照表不存在时，能正常建立该数据表吗？请给出在一个数据库中建表的顺序建议。在有外键约束的表和被参照表中，谁是主表，谁是从表？

（5）你认为在创建数据表时，怎样书写才能提高命令的可读性？提高命令可读性有什么益处？

（6）使用 show tables 命令可以查看当前数据库中已有的数据表。你认为同一数据库中允许数据表同名吗？请参考数据库命名要求，给出你认为合规的数据表命名建议。

（7）试说明 desc 显示的表结构信息中每列的含义。比较 desc 和 show create table 显示的信息，你有什么发现？show create table 展示的创建命令中有些项是在建表命令中没有提供的，这是怎么回事？

（8）请上机完成用户表（user）、会员表（member）、销售表（sale）、交易表（dealing）、库存表（stock）的创建。注意建表的顺序和命令的可读性。对于创建的数据表，如果不满意，可以使用命令 drop table ｛表名｝删除，然后重新建立。记录创建表过程中遇到的问题、处理方法和使用的命令。

二、插入数据

向数据表插入数据是创建数据表的基础工作，在业务系统运行过程中也会不断地向数据表添加数据。立生超市签约的供货商信息和进货信息见表 4-1 和表 4-2，请根据图 4-7 和图 4-8 所示的方法完成数据的插入操作。

微课

插入数据

表 4-1　供货商信息表

编号	商户名	地址	电话
ly001	开明粮油	磊峰路 23	12768904561
tw009	天味商贸	—	19087654329
gh006	绿野干品	林昔北路 712	14234897600
bg004	达园烘焙	老桥路 100	12690234158
zp002	纤丝纸品	—	02189236715

表 4-2　进货信息表

编号	商品名	进价	数量	进货日期	供货商
jz003	卷纸	21	50	2020-11-26	纤丝纸品
cz001	抽纸	18	100	2020-11-26	纤丝纸品
ty009	调和油	52	30	2020-11-29	开明粮油
hh007	黄花	12	80	2020-12-2	绿野干品
jy011	酱油	16	200	2020-12-4	天味商贸
sp008	曲奇	6.2	60	2020-12-10	达园烘焙

图 4-7　插入数据（1）

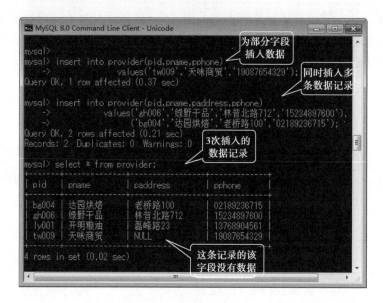

图 4-8　插入数据（2）

（1）依照图 4-7 和图 4-8 所示的方法上机操作，在 provider 表中插入数据，数据可以自行设计，体验数据插入命令 insert into 的使用方式，然后通过 select ＊ from ｛表名｝命令查看表中的数据。

（2）请归纳插入命令 insert into 的使用方法和注意事项，并写出其一般使用格式。

（3）试一试，分别插入一条缺失"供货商名"的记录和"电话"与数据表中已有电话号码相同的记录，数据自行设计，能正常插入这两条数据吗？为什么？

（4）请仔细观察，插入记录的顺序和查看到的记录顺序相同吗？为什么？

日积月累

SHUJUKU JICHU JI YINGYONG —MySQL
RIJIYUELEI

1.创建数据表结构

（1）创建数据表

create table ｛表名｝(｛字段定义1｝[,｛字段定义1｝,...][表级约束]);

①定义字段的一般格式为：

｛字段名｝｛数据类型｝[（长度）][字段约束]

②字段约束包括：

- primary key：声明该字段是主键。
- not null：声明该字段不允许为空值。
- unique：声明该字段不能有重复值。
- default｛表达式｝：设置该字段的默认值为表达式的值。

③表级约束是针对整个表或表中多个字段的约束，在所有字段定义之后声明。

- primary key(｛字段名列表｝)：声明由多个属性组成的主键。
- unique(｛字段名列表｝)：声明多个字段取值唯一。
- key|index[｛索引名｝](｛字段名列表｝)：以指定的字段或字段组建立索引。
- foreign key(｛字段名列表1｝) references｛主表名｝(｛字段名列表2｝)：声明外键约束，"字段名列表1"是外键，它参照的是主表中"字段名列表2"，"字段名列表1"要与"字段名列表2"一一对应。

（2）查看表结构信息

desc｛表名｝;

或 show create table｛表名｝;

2.删除数据表

drop table｛表名｝;

3.向数据表插入数据

insert into｛表名｝[(｛字段名列表｝)] values(｛数据值列表｝[,｛数据值列表｝,...]);

眼下留神

SHUJUKU JICHU JI YINGYONG
—MySQL
YANXIALIUSHEN

- 在命令一般格式中用到了语法指示符，它是一套符号，用来指示命令的使用方法。 其中"{ }"表示此项必须由用户提供具体内容，"[ ]"表示此项为可选项，"..."表示重复前项，"|"表示任选其分隔的一项。 特别注意，在实际输入命令时要去掉语法指示符号。"( )"不是语法指示符。
- 命令语法格式中的"列表"是指用逗号分隔的多个同类项。 为统一说法，只有一项也称为列表，是列表的特例。
- 一个数据库管理的数据表不能重名，数据表以及字段的命名遵守一般标识符的命名约定。 MySQL 虽然支持汉字名称，但不建议用汉字命名。
- MySQL 的命令以分号结束，可以把长命令分成多行。 建议在创建数据表时，一个字段定义占一行，且所有字段的字段名、类型和约束分别上下对齐，以提高可读性，降低错误发生的概率。
- 插入数据时一定要确保"数据列表"和"字段名列表"——对应。 当省略"字段名列表"时，相当于按数据表字段的位置顺序全部列出所有字段，"数据列表"必须为每个字段提供数据。

※ 我来挑战

把表 4-2 所示的进货信息插入到商品信息表中，记录使用的命令、出现的问题及解决办法。

▶任务评价

一、填空题

1.创建数据表主要包括创建_____和_____两个任务。

2.数据表的字段信息主要包括字段名称、_____、字段长度和约束条件等内容。

3.查看当前数据库中的数据表的命令是_____。

4.以列表形式显示数据表 provider 结构信息的命令是_____。

5.在 MySQL 中,向数据表插入记录的命令是_____。

6.插入数据时一定要确保_____列表和_____列表一一对应。

二、选择题

1.下列各项中,不是合法数据表名的是(   )。

    A.Merchinfo   B.5merchinfo   C.Mer5chinfo   D.Merchinfo;

2.定义销售表 sale 中的销售编号(sid)字段为可变长字符型,最大长度为 16,并且作为字键的正确语句是(   )。

    A.Sid char 16   B.Sid varchar 16 primary key

    C.Sid varchar(16) primary key   D.Sid char(16) primary key

3.在 MySQL 中定义表结构时,不同字段之间的分隔符是(   )。

    A.空格   B.顿号(、)   C.逗号(,)   D.分号(;)

4.在定义数据表时,指定字段值唯一属性的子句是(   )。

    A.Primary key   B.Unique   C.default   D.Not null

5.插入数据时的数据列表用(   )子句。

    A.select   B.vaules   C.values   D.where

6.给销售表(sale)的销售数量(snum)插入值"23"的正确语句是(   )。

    A.insert into snum values(23);

    B.snum=23

    C.set snum=23;

    D.insert into sale(snum) values(23)

7.下列关于数据插入命令 insert into 的使用,说法错误的是(   )。

    A.可以不指定字段名插入一条完整的记录

    B.当指定字段名时,要求数据顺序、数量都要与字段名一一对应

    C.命令格式为 insert into(字段名列表) values(数据列表)

    D.Insert into 语句可以插入一条完整记录,也可以插入记录的部分值

三、判断题

1.创建数据表就是根据逻辑数据模式确定数据表的字段信息。   (   )

2.一个数据表可以同时隶属于两个以上的数据库。   (   )

3.同一个数据库中可以有相同名称的数据表。   (   )

4.定义为 primary key 约束的字段值必须是唯一的。   (   )

5.在向数据表插入记录前要先定义表的结构。   (   )

6.MySQL 的数据表名可以用任何字符,长度不能超过 255。   (   )

7.在向数据表插入数据时,要求字段名与数据值一一对应。   (   )

8.若字段被指定为 primary key,则该字段值不允许有任何空值。　　　（　　）

9.在 MySQL 中,命令可以写成多行,方便阅读查看。　　　（　　）

四、实作题

1.设置"markdb"为当前数据库,在"markdb"数据库中创建用户表（user）和销售表（sale）,表结构见附录 I。

2.使用 insert 语句向数据表插入下面两个表所示的记录。

用户表（user）

uid	uname	upwd	utype
Jl001	张小华	Jl123456	经理
Cg002	李杯一	Cg123456	采购
Sy003	王小莉	Sy123456	收银
Sy004	赵美丽	Sy123456	收银

销售表（sale）

sid	mid	sdate	snum	sprice
202012160923cg002001	Cz001	2020-12-16	13	20.7
202012170831sy003001	Hh007	2020-12-17	3	12.00
202012181345cy004001	Jz003	2020-12-18	4	24.5
202012181720cy004002	Jy011	2020-12-18	3	16

［任务四］

NO.4

维护数据表

数据库系统在运行过程中,常常会面临应用需求发生变化的问题,原先的数据表结构不能满足当前的要求,需要对表结构进行调整和修改。另一方面,数据表中的数据也需要随系统的运行不断发生改变来反映系统的最新状态。本任务要求你与庄生一道完成"立生超市管理系统"中数据表的维护工作,具体包括数据表结构的修改和数据表数据的更新与删除操作。为此,需要你们能够:

● 修改数据表的结构信息;

● 更新数据表中的数据;

● 删除数据表中的记录。

一、维护数据表的结构

庄生发现之前创建的数据表在实际应用中存在一些问题,诸如数据表缺字段、字段类型及约束设置不当或名称有误、有无效字段、表未定义主键或外键等。虽然可以把有问题的表删除后重建,但工作量较大且低效。MySQL 为维护表结构提供了功能丰富的 alter table 命令,可满足数据表结构的修改要求。请根据下面的材料参考图 4-9 所示的操作完成数据表结构的维护任务。

庄生发现已建数据表存在必须处理的问题:

● 员工表需要在 utype 和 upwd 之间增加注册日期字段 regdate;

● 会员表 member 中 tcost 字段的类型由 float 改为 dec(8,2);

● 交易记录表 dealing 缺主键,需定义 did 和 mid 为主键;

● 商品信息表 merchinfo 的条形码字段 bcode 应为 barcode。

图 4-9　修改表结构

(1)根据任务要求并参考图 4-9 所示的操作,上机完成相关数据表的修改工作,并写出所用命令的一般形式。

(2)能否用 alter table…change 替代 alter table…modify 的功能?

（3）交易表 dealing 中 mid 是一个外键，请参考会员表 member 的主键 mid，为 dealing 表添加外键约束。

（4）根据已有的删除数据库、数据表的经验，你能删除数据表中的字段、主键、外键吗？试一试，写下使用的命令。

微课

维护数据表的数据

二、维护数据表的数据

"立生超市管理系统"在运行过程中需要数据表中的数据随着业务活动随时变化以反映超市的经营情况。例如，商品信息表中库存数量随售出而减少，随进货而增加，交易表中已结转交易记录需要删除。请参考图 4-10 所示的操作，完成数据表数据的更新，以及无用记录的删除。

图 4-10　维护数据

（1）请按图 4-10 所示的操作上机验证，然后归纳修改数据和删除记录相关命令的用法。

（2）请备份要操作的数据表，在 update 和 delete 命令中，不使用 where 子句执行的是什么操作？为安全使用这两个命令提出你的建议。

（3）update 命令能否一次修改多个字段的数据？该如何操作？

（4）你认为 delete 命令能删除整个数据表吗？

日积月累

SHUJUKU JICHU JI YINGYONG
——MySQL
RIJIYUELEI

1.修改数据表结构

（1）增加字段

alter table ｛表名｝ add ｛字段定义｝［位置］；

• 字段定义声明新增字段，格式为：

｛字段名｝｛数据类型｝［（长度）］［字段约束］

• 位置声明新增字段插入时在表列中的位置。

first：在数据表第 1 个字段之前。

after ｛字段名｝：在指定的字段名之后。

省略位置项，新字段添加在所有字段之后。

（2）修改已有字段的属性

alter table ｛表名｝ modify ｛字段名｝｛数据类型｝［（长度）］［字段约束］［位置］；

（3）修改字段的名称及属性

alter table ｛表名｝ change ｛原字段名｝｛新字段名｝［［数据类型］［（长度）］［字段约束］］；

（4）添加主键约束

alter table ｛表名｝ add primary key(｛字段名列表｝)；

（5）添加外键约束

alter table ｛表名 1｝ add foreign key(｛字段名 1｝)

references ｛表名 2｝(｛字段名 2｝)；

（6）修改数据表名称

alter table ｛原表名｝ rename to ｛新表名｝；

（7）删除字段

alter table ｛表名｝ drop ｛字段名｝

2.修改表数据

（1）更新数据

update ｛表名｝ set ｛字段名 1｝=｛表达式 1｝［，...］［where ｛条件表达式｝］

（2）删除记录

delete from ｛表名｝［where ｛条件表达式｝］

眼下留神 SHUJUKU JICHU JI YINGYONG —MySQL YANXIALIUSHEN

- 新增字段默认添加到所有字段之后，可通过指定位置子句按要求插入新字段。
- 修改字段的类型时，要注意与原来类型相容且长度不能少于原字段长度，否则有丢失数据的风险。
- 不要直接在操作系统中更改数据表的文件名，否则将导致出现找不到数据表的错误，因为数据表的名称信息需要在相关的系统数据表中同步更新。
- 在已有数据的表中添加主键和外键，要求表中的数据必须满足主键和外键相关的约束要求；否则，不能成功添加主键和外键。
- 进行更新数据或删除记录操作时，不带 where 子句，将更新所有记录的数据或删除表中所有记录，这对数据安全有一定风险，在执行前需要反复确认。如果出现误操作，请立即用二进制日志进行恢复。

▶任务评价

一、填空题

1.维护数据表主要包括对_____和_____两方面的维护。

2.添加表的字段可利用 alter table 的_____子句,而删除字段可利用 alter table 的_____子句。

3.给 provider 表的 pid 添加主键的命令是_____。

4.将 sale 表名修改为 sale_bak 的命令是_____。

5.删除 provider 表的命令是_____ table provider。

6.删除表的数据记录的命令是_____。

二、选择题

1.下列各项不属于数据表结构维护的是( )。

  A.修改字段名称　　　　　　　　　B.更改表的引擎

  C.删除字段　　　　　　　　　　　D.插入记录

2.下列各项不属于数据表记录维护的是( )。

  A.修改特定记录值　　　　　　　　B.删除不需要的数据记录

  C.插入新的记录　　　　　　　　　D.添加字段主键约束

3.在 alter 的子句中,不能修改数据表字段的命令是( )。

  A.modify　　　　　B.change　　　　　C.alter　　　　　　D.add

4.在 MySQL 中,删除 member 表的电话号码默认值的正确语句是( )。

    A.alter table member change column phone drop default

    B.alter table member alter column phone drop default;

    C.alter table member alter column phone add default;

    D.update table member alter column phone drop default

5.修改 user 表中用户编号(uid)为 cg001 的用户密码(upwd)为 654321 的正确语句是( )。

    A.update user set upwd="654321" where uid='cg001'

    B.update user set upwd="654321" where uid='cg001';

    C.update user upwd="654321" where uid='cg001'

    D.update user upwd="654321", uid='cg001';

6.删除库存表(stock)的所有记录,正确的语句是( )。

    A.delete from stock all;   B.delete from stock;

    C.delete * from stock   D.delete from stock where=all

7.下列关于 update 命令,正确的说法是( )。

    A.只能修改指定条件的记录值

    B.不能修改指定字段的默认值

    C.缺少 where 条件时修改所有记录值

    D.修改多个字段的值时,每个字段之间用逗号分开

三、判断题

1.维护数据表首先要遵守业务需要的原则。   ( )

2.修改数据表的引擎不是数据表的维护工作。   ( )

3.只修改数据表的字段名不会影响数据记录内容。   ( )

4.删除某个字段时,则数据表相应列的记录数据会丢失。   ( )

5.给数据表某个字段添加主键约束时,可使用 alter table 的 add primary key 子句。

                                       ( )

6.删除数据表所有记录的步骤是 delete all…zap。   ( )

四、实作题

1.设置用户表(member)中 phone 字段的默认值为"88888888888"。

2.给用户表(member)追加一个字段 raddr,类型为 varchar(60)。

3.将 merchinfo 表中所有由纤丝纸品(供货商)提供的纸的进价降低 15%。

4.将 sg003 供货商的所有商品下架(删除)。

[任务五]   NO.5

创建索引

在"立生超市管理系统"中有大量的数据查询业务,为了提高查询效率,需要为不同的查询需求设计恰当的提取数据的路径,索引是建立数据访问路径的手段。建立索引就是根据表中的字段或字段组对数据表中的记录建立逻辑排序的过程,索引记录与表记录一起保存在表空间文件中,使用索引能有效提高检索特定数据的速度。本任务需要你和庄生一起分析查询业务,为数据表建立恰当的索引。为此,需要你们能够:

- 认识索引的作用及分类;
- 理解设计索引的原则;
- 创建和删除索引。

一、创建索引

庄生经常需要进行销售情况查询,在创建销售表(sale)时,在销量字段(snum)上创建索引,并在已创建的会员表(member)中的联系电话(phone)字段上添加索引以防止会员电话出现同号问题。请参考图 4-11 和图 4-12 所示的创建和添加索引的方法,完成后面的内容。

微课

创建索引

图 4-11　创建索引

图 4-12　添加索引

（1）请按图 4-11 和图 4-12 所示在数据表上创建索引，然后指出创建索引的时机和方法。

（2）在图 4-11 中，你是否发现了输入的命令和 MySQL 客户端提交到 MySQL 服务器的命令的不同之处？建立索引的子句能用 key 替换吗？子句 key 后多出一个名称，而在命令中并没有指定，它有什么用呢？

（3）如图 4-12 所示，在会员表（member）中添加了关键字 unique（唯一的）限制，在字段 phone 上建立了索引，然后向表中添加记录，从结果看出现了什么状况？为什么？

二、管理索引

在数据表维护过程中，需要清楚数据表上已经有哪些索引，这些索引是否满足查询的要求，以便删除不需要的索引或适时添加新索引。请参考图 4-13—图 4-16 所示内容完成索引的管理工作。

微课

管理索引

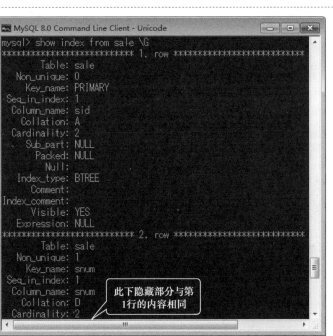

图 4-13　显示索引详情

图 4-14　使用索引

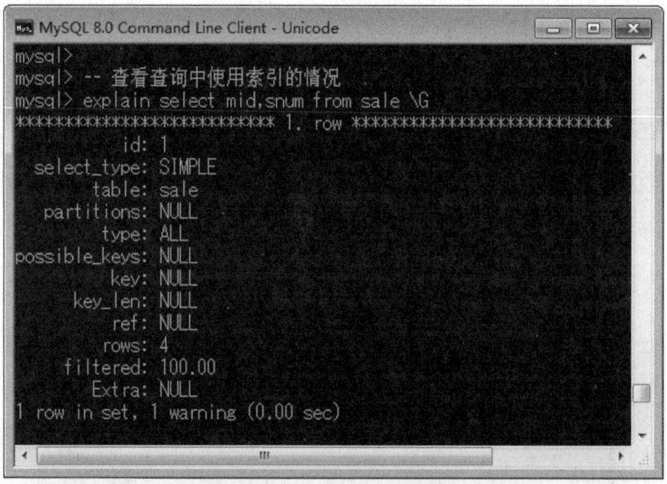

图 4-15　查看索引使用（1）

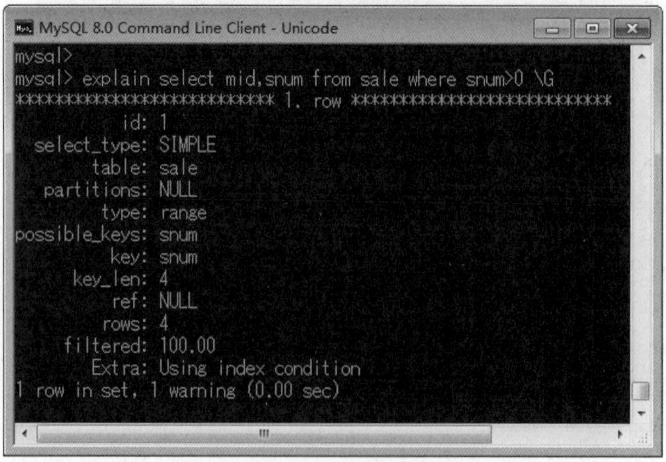

图 4-16　查看索引使用（2）

（1）如图 4-13 所示，查看数据表的索引使用什么命令？从中可以获取有关索引的哪些主要信息？对比显示的两个索引的属性项，填写表 4-3。

表 4-3　索引的主要属性

属性	说明	属性	说明
table		non_unique	
key_name		seq_in_index	
column_name		collation	
sub_part		null	
index_type		visible	

默认情况下，索引名与建立索引的字段名有什么关系？

（2）在图 4-13 中，显示数据表 sale 有两个索引，而在创建该表时只是明确指定在字段 snum 创建了索引，第 1 个索引是怎么来的？

（3）比较图 4-14 中的两个查询操作，它们有什么不同？这种不同是由什么引起的？你认为创建的索引在什么时候发挥作用？

（4）使用命令 drop index snum on sale 删除数据表 sale 的 snum 索引后，再次执行图 4-14 中的第 2 个查询，请根据查询结果的变化分析原因。

（5）使用命令 explain 可分析查询操作使用索引的情况，如图 4-15 和图 4-16 所示。请问哪个图中的查询命令使用了索引？对比两图，分析使用索引的信息，填写表 4-4。

表 4-4　索引使用信息

属性	说明	属性	说明
id		select_type	
table		possible_keys	
key		key_len	
ref		rows	
filtered		extra	

(6)在查询条件或数据表连接条件中的字段上建立索引,能有效提高这类查询的速度,这是索引的优势特性。那么建立索引有没有什么负面影响呢?请思考分析后,谈谈你的看法,并为建立索引提出你的建议。

⋙ 我来挑战

从交易表 dealing 和商品信息表中查询:某天,顾客选购的商品名、单价和数量。 为提高表的连接性能请按需建立相关的索引。 上机实践并写出相关的命令。

日积月累

SHUJUKU JICHU JI YINGYONG
—MySQL
RIJIYUELEI

1.MySQL 的索引

索引是 MySQL 数据库对象之一。 创建索引是以数据表中的一个或多个字段为依据(称为索引关键字)建立数据表中记录排列顺序的过程,这种排序并不实际移动数据表中记录的物理位置。 因此,创建索引实质是建立表记录的逻辑顺序,索引对象中则存储了按序排列的索引关键字值及对应记录的指针(记录在数据表中的地址)。

2.索引类型

- 主键索引:建立主键时自动创建,索引名为 primary。
- 普通索引:允许索引关键字值有重复值。
- 唯一索引:要求索引关键字值必须唯一。

3.索引功能

- 提高依赖索引关键字为条件的查询操作的速度。
- 实现数据表中字段的唯一性约束。
- 提高多表查询中数据表的连接速度。
- 提高使用分组和排序子句进行查询的速度。

4.创建索引

(1)新建表同时创建索引

```
create table {表名}( {字段定义 1} [ ,{字段定义 1},...]
    [表级约束]
    index|key [索引名]({字段名 1}[({索引长度})])  [asc|desc] [ ,...])
);
```

使用说明：

- index|key 是创建索引的子句，二选一。
- 索引名是标识索引的名称字符串，可以省略。
- 字段名指定建立索引的关键字，可定义索引长度，即指定参与索引的字段值前缀长度。
- asc|desc 用于设置关键字值的排序方式。 asc 表示升序排列，为默认设置；desc 表示降序排列。

（2）向已建成的表添加索引

alter table {表名} add [unique] index|key [索引名](
　　　　　　　　　{字段名1}[({索引长度})]　[asc|desc][,...]);

create [unique] index {索引名} on {表名}(
　　　　　　　　　{字段名1}[({索引长度})]　[asc|desc][,...]);

5.管理索引

（1）查看数据表的索引

show index from {表名} \G

索引的主要属性见表4-5。

表 4-5　索引的主要属性

属性	说明	属性	说明
table	创建索引的表	non_unique	是否是唯一索引
key_name	索引名称	seq_in_index	字段在索引中的序号
column_name	定义索引的字段	collation	排序方式
sub_part	索引长度	null	索引字段能否为空值
index_type	索引类型	visible	是否对优化器可见

（2）分析查询使用索引的情况

explain select 语句;

索引使用信息见表4-6。

表 4-6　索引使用信息

属性	说明	属性	说明
id	执行 select 子句的顺序	select_type	查询类型
table	查询的表名列表	possible_keys	可用的索引列表
key	实际使用的索引	key_len	索引长度
ref	多表查询的连接条件	rows	预读取记录的行数
filtered	返回行占读取行的百分比	extra	额外信息

（3）删除索引

drop index|key {索引名} on {表名};

alter table {表名} drop index {索引名};

- 在创建或添加索引时，如果没有指定索引名，系统将自动以建立索引的字段名作为索引名。
- MySQL 的索引还包括全文索引和空间索引两种，只有 MyISAM 存储支持这两种索引。如需了解，请参考 MySQL 官方文档。
- 使用索引可以明显提高数据查询的性能。 建议在查询语句的 where 子句、order by 子句、group by 子句中经常使用的字段以及需要唯一性约束的字段上建立索引。
- 建立和维护索引有较大的系统开销，包括建立和存储索引需要的运算能力和存储空间开销，过多地建立索引将降低 MySQL 的服务性能。 不建议在重复值多的字段和查询中很少使用的字段上建立索引。
- MySQL 索引的存储类型有 Btree 和 Hash 两种数据结构，InnoDB 存储引擎仅支持 Btree，MyISAM 同时支持 Btree 和 Hash。 一般用户无须关心这两种数据结构的组成和特性。

▶ 任务评价

一、填空题

1.根据用途,MySQL 中的索引分为_____索引、_____索引和_____索引 3 种类型。

2.在 MySQL 中,Unique 是_____索引标识符。

3.在 MySQL 中,在已有表上创建索引使用的命令关键字是_____。

4.查看 merchinfo 表上所有索引信息的命令是_____。

5.删除 provider 表上主索引使用的命令是_____。

6.在不同值较少的字段上创建索引,会降低数据_____速度。

二、选择题

1.数据表建立索引的主要目的是(　　)。

  A.提高数据更新速度　　　　　　　　B.提高数据安全性

  C.提高查询速度　　　　　　　　　　D.节省存储空间

2.在已有表上创建索引的命令是(　　)。

  A.create table　　　　　　　　　　B.create index

  C.insert table　　　　　　　　　　D.update table

3.alter table 的子句中能实现创建索引的是(　　)。

  A.modify　　　　B.change　　　　C.alter　　　　D.add

4.在下列各项中,表示主键索引的关键词是( )。

    A.unique   B.index   C.primary key   D.desc

5.在 MySQL 中,删除数据表的主索引使用的命令是( )。

    A.alter table   B.drop index   C.delete   D.update table

6.下列各项中,不能完成给数据表创建索引的是( )。

    A.create table   B.create index   C.alter table   D.update table

三、判断题

1.数据查询时推荐用逐条扫描,因为速度快,准确度高。   ( )

2.在 MySQL 中,普通索引允许索引字段的值重复。   ( )

3.在 MySQL 中,主键索引的索引字段值不能取空值,也不能有重复值。   ( )

4.在 MySQL 中,索引只能在单列上创建,一个表只能有一个索引。   ( )

5.在 MySQL 中,数据表的所有列都可以创建索引。   ( )

6.为提高查询速度,数据表的索引越多越好。   ( )

7.删除表的索引时,则表的索引字段值也将被删除。   ( )

四、实作题

1.用 create index 命令创建 mprice 列的降序索引,索引名为 jg。

2.用 alter table 命令创建 stdate 列的升序索引,索引名为 rkrq。

3.删除 stock 表上的 jg 索引和 rkrq 索引。

成长领航   SHUJUKU JICHU JI YINGYONG —MySQL CHENGZHANG LIANGHANG

    我国拥有自主知识产权的分布式关系型数据库 TiDB、OceanBase、PolarDB、SequoiaDB 等均是完全从零开始打造的新一代国产金融级分布式关系型数据库。 它们在银行、证券、保险、电信、政府等行业已经实现了传统关系型数据库的规模替换,大大降低了相关行业对国外数据库产品的依赖。

    作为青年学生,应该为我国在科技领域取得的进度感到骄傲,坚信中华民族一定能够实现伟大复兴。

项目五 / 使用数据库

　　为了及时掌握超市的经营情况，每天超市营业结束后，庄生都需要了解一天营业的详细数据，包括当日销售总额、各类商品日销售量、日销售额、商品库存情况、日营业收入、畅销商品排名等，以便制订选货、进货计划，及时调整销售策略。 如果采用人工管理，将耗费大量时间还不能保证数据的准确性。 MySQL 为数据管理系统提供了强大的数据抽取能力，可以实现从一个或多个数据表中查询数据，并能对查询结果排序、分组，结合存储过程、函数、视图的使用可以进一步提高数据抽取的便捷性、安全性和效率。MySQL 强大的查询能力为庄生精确掌握销售数据提供了不可缺少的助力。本项目要求你协助庄生探寻 MySQL 的查询技术，为提升超市的管理水平提供及时的信息服务。

　　完成本项目后，你将能够：

- 从数据表中抽取需要的数据；
- 使用存储过程和存储函数提高数据处理的效率；
- 使用视图简化数据操作并提高数据安全性。

经过本项目的实践，将有助于你：

- 树立安全运用数据的意识；
- 建立数据服务意识。

本项目对应的职业岗位能力：

- 在 MySQL 数据库中按需抽取、使用数据的能力。

[任务一]

查询单一数据表中的数据

庄生需要了解超市所售商品的库存数据、每种商品的销量、商品销售排名等经营决策信息。这些数据都在一个数据表中,有的直接存储在表中,有的需要经计算生成。不论是哪一种,使用 MySQL 的查询功能均可快速、准确地获得超市的相关信息。本任务中,你将协助庄生使用 DQL 语言中的查询语句 select 从"立生超市管理系统"的数据表中获取需要的数据。为此,需要你们能够:

- 从数据表中获取全部或部分字段数据;
- 从数据表中抽取满足某种条件的数据记录;
- 查询需要计算的字段数据;
- 排序查询数据记录;
- 分组统计查询数据记录。

一、尝试简单查询

从数据表中查询数据,需要指定数据所在的数据表和数据列。下面的示例为从商品信息表中获取商品信息,请上机实践并完成后面的内容。

简单数据查询

查询商品信息方案 1(见图 5-1):

mysql>select * from supmark. merchinfo;

图 5-1 查询所有数据

查询商品信息方案 2(见图 5-2):

mysql>select mname,mprice,mnum from merchinfo;

```
mysql> select mname,mprice,mnum from merchinfo;
+-------+--------+------+
| mname | mprice | mnum |
+-------+--------+------+
| 挂面  |   8.00 |   90 |
+-------+--------+------+
1 row in set (0.00 sec)
```

图 5-2　选择查询列

查询商品信息方案 3(见图 5-3)：

mysql>select mname 商品名,mprice 进价,mnum 库存数量 from merchinfo;

```
mysql> select mname 商品名,mprice 进价,mnum 库存数量 from merchinfo;
+--------+------+----------+
| 商品名 | 进价 | 库存数量 |
+--------+------+----------+
| 挂面   | 8.00 |       90 |
+--------+------+----------+
1 row in set (0.00 sec)
```

图 5-3　重命名显示标题

查询超市商品的种数(见图 5-4)：

mysql>select count(*) 商品种数 from merchinfo;

```
mysql> select count(*) 商品种数 from merchinfo;
+----------+
| 商品种数 |
+----------+
|        1 |
+----------+
1 row in set (0.00 sec)
```

图 5-4　查询统计信息

(1)通过对查询商品信息 3 个方案所使用的查询命令的对比分析，请写出查询命令的使用方法，指出其中的命令关键字及作用。

(2)方案 1 中的星号“ * ”起什么作用？对方案 1 的显示结果有何感受？什么原因导致了这种结果？有什么方法改进显示方式吗？

(3)对比方案 2 和方案 3 使用的命令和显示结果，请说出形如“mname 商品名”中字段名后面跟随的字符串有什么作用？

（4）在查询超市商品种数的命令中，使用了 count( )函数，而且使用了"＊"作参数，"＊"能换成某个具体字段吗？ 如 mid、mname、sdate 等，试一试，说出你的看法。

（5）试一试，仿照查询超市商品种数的方法，查询超市所售商品进价最高的商品名和进价；查询库存商品的资金总量。要求显示方式友好，可参考函数 max( )和 sum( )。

日积月累 SHUJUKU JICHU JI YINGYONG —MySQL RIJIYUELEI

1.实现简单查询的 select 语句

select ｛表达式列表｝ ［from ｛数据表名｝］

用法说明：

- select：查询语句的命令关系字，意为选择。
- ｛表达式列表｝:又称选择列表，用于指定 select 命令要选择查询的数据项，数据项之间用逗号","分隔。 数据项可以是：

  ＊:代表数据表中所有字段，并按数据表中顺序列出。

  字段表达式:用于列出要查询的字段，包括对字段的计算。

  无字段参与的普通表达式:此时不用 from 子句，用于显示表达式的运算结果，如 length(' sql 中文')+1。
- from ｛数据表名｝: select 命令的子命令，为可选项，用于指定要查询数据的来源数据表。

2.使用聚集函数

聚集函数是对数据表中指定列进行统计分析处理的函数，常用的聚集函数见表 5-1。

表 5-1　聚集函数

函数	功能
count(＊丨字段名)	计算指定列(not null)的记录数
min(字段名)	计算指定列的最小值
max(字段名)	计算指定列的最大值
sum(字段名)	计算指定列的总和
avg(字段名)	计算指定列的平均值

3.为查询表达式定义显示标题

查询表达式　列标题

在查询时默认的列标题就是查询表达式串，通过重定义列标题可以提高查询结果的可读性，如 select mname 商品名称,mprice＊1.2 商品售价 from merchinfo。

眼下留神 SHUJUKU JICHU JI YINGYONG —MySQL YANXIALIUSHEN

- select｛表达式列表｝；查询语句的最小使用形式，常用于显示表达式的运算结果。
- 多个查询表达式之间用逗号"，"分隔，如果误用成空格，则后一表达式的字符串将被视为前一表达式的显示标题，得不到需要的结果。
- count（＊）将返回数据表中所有记录的总数，而count（字段名）返回字段值不为null的记录数。
- select查询结果有行式和列式显示方式。 默认为行式，即结果集中的一条记录显示在一行上，但字段过多时，因自动换行会引起显示交错，影响阅读，这时可把语句结束符换成\G切换为列式显示，使每列数据显示在一行上，以方便阅读。

※ 我来挑战

查询会员表member中所有会员的积分。 会员的积分由会员的消费总额来决定，规则为每消费10元积1分。

二、筛选查询结果

微课

数据筛选

庄生如果想知道某天的当班收银员是谁，目前库存不足100的商品有哪些,诸如此类的需求,都可以通过在查询命令中指定恰当的条件,来精准地得到需要的数据。请参考图5-5和图5-6所示的通过指定条件来筛选查询结果的操作,完成后面的内容。

图5-5　条件查询（1）

图5-6　条件查询（2）

（1）仿照示例上机实践,然后归纳在查询操作时如何指定查询条件。

（2）请参考项目三中任务二的相关内容，说明查询条件是由什么表达式充当的？在查询条件中可以使用哪些运算符来表达条件？

（3）在图 5-5 所示的查询结果中，出现了重复数据，这对阅读有影响，你能消除查询中的重复数据吗？试一试，在字段名前添加关键字 distinct，看看它有什么作用？

（4）试一试，在商品信息表中查询供货代码尾号为"001"、进价低于 5 元的商品名称和进价。请写出对应的查询命令。

微 课

查询结果排序和分组

三、排序查询结果

有序排列的数据有更好的可读性。请参考图 5-7 和图 5-8 所示的操作，完成后面的内容。

图 5-7　排序查询结果

图 5-8　限制输出记录数

（1）图 5-7 中的哪个查询结果能让我们快速找到库存较多的商品信息？这是如何实现的？使用了什么子句？

（2）比较图 5-7 中左图和图 5-8 所示的排序，你能发现它们的排序方式有何不同？你知道如何选择排序方式吗？

（3）图 5-8 所示为查询库存量排在前 5 位的商品信息。看一看，它使用了哪些查询技术？把命令中的 limit 5 去掉，会得到什么结果？

（4）试一试，能不能在 order by 中指定多个排序依据，如实现按库存量降序排列，若库存量相同则按进价升序排列，要显示商品名、库存量和进价信息。写出查询命令并上机验证。

四、分组查询结果

在"立生超市管理系统"中经常需要查询商品的销量、每个收银员一天的经手金额，对这样的查询需求需要按一定类别对查询结果进行分组统计来得到所需的数据。图 5-9 和图 5-10 所示都为查询某天收银员经手了多少件商品，请对比分析完成后面的内容。

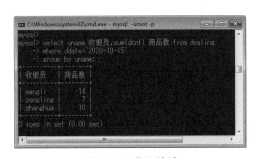

图 5-9　未分组查询　　　　　　图 5-10　分组统计

（1）图 5-9 和图 5-10 所示的操作是否都实现了查询 2020 年 10 月 15 日这天每个收银员经手的商品件数？你认为哪一个结果更能满足查询要求？

（2）在查询命令中，使用了什么子句来对查询结果进行分组，请写出它的使用格式。

（3）在图 5-10 所示的查询中，对交易数量字段 dcnt 使用了聚集函数 sum，如果不使用，能得到想要的结果吗？试一试，对比分析查询结果，然后提出在分组查询中使用聚集函数的建议。

（4）对于图 5-10 所示的查询结果，若只查看收银员经手的商品数不超过 10 的数据，能实现吗？试一试，增加 having ｛条件｝子句来筛选分组后的查询结果。

⁂ 我来挑战

（1）查询交易表 dealing 中的每一笔（交易号 did 相同的为一笔）交易中的商品销售金额。

（2）查询商品信息表 merchinfo 中库存量最少的前 10 种商品的名称和库存量。

日积月累　SHUJUKU JICHU JI YINGYONG —MySQL　RIJIYUELEI

1.处理查询结果

通过在查询命令 select 中增加特定子句可对查询结果进行筛选、排序和分组统计等操作，以便获得更精准的结果。

select ｛表达式列表｝［from ｛数据表名｝］

［where ｛条件表达式｝］

［order by ｛排序依据｝［asc｜desc］］

［group by ｛分组依据｝］

［having ｛条件表达式｝］

用法说明：

- where ｛条件表达式｝：指定筛选条件，满足条件的结果才输出。
- order by ｛排序依据｝［asc｜desc］：对查询结果按指定的排序依据排序后输出，排序依据可以是字段、表达式或选择列表中的序号。asc 表示升序排列，是默认选择；desc 表示降序排列。

- group by｛分组依据｝：对查询结果按分组依据进行分组。 分组依据可以是字段、表达式或选择列表中的序号。
- having｛条件表达式｝：用于对查询结果指定筛选附加条件。

2.输出查询结果

默认情况下查询结果直接输出在客户端屏幕上，如果需要可以把查询结果保存到 DBMS 外部的文本文件中或存入用户变量做其他处理。

（1）输出到外部的文本文件，使用子句：

　　　into outfile '｛文件名｝'

mysql>select * from merchinfo into outfite 'd:/mydata/minf.txt';

（2）输出到变量，使用子句：

　　　into｛用户变量列表｝

mysql>select mname,mprice from merchinfo

　　　>where mid='yy005'

　　　>into @name,@price;

眼下留神 SHUJUKU JICHU JI YINGYONG —MySQL YANXIALIUSHEN

- where、order by、group by 和 having 子句在使用时有一定的顺序要求，where 子句在前，当 order by 和 group by 同时使用时，order by 子句在后，having 子句一般配合 group by 子句使用，对分组后的结果进行筛选。
- 使用 group by 子句的目的是实现分组统计，在选择列表中一般要使用聚集函数对字段进行统计处理，否则只输出分组中首记录的相关数据。
- 出于安全原因，从数据表中导出数据需要文件安全权限，MySQL 默认禁止导出数据，相关配置项是 secure_file_priv＝null。 设置该配置项为空或指定一个存在的文件路径就能开启数据导出权限。
- 导出的数据文件，可使用 load data infile '｛数据文件｝' into table｛表名｝导入到数据库中，也可以作为第三方软件的数据源。

▶任务评价

一、填空题

1.单表查询是指数据源仅涉及_____的查询。

2.为查询表达式定义标题的格式为_____。

3.在 select 语句中,用于排序的子句是_____,排序方式有_____和_____。

4.在 select 语句中,关键字_____的作用是去除查询结果中的重复记录。

5.要查询一个表中的所有字段可使用通配符_____。

6.在 select 语句中,对查询结果进行分组的关键字是_____。

7.在 select 语句中,having 子句必须和_____子句一起使用,其作用是_____。

8.select 查询结果有_____和_____两种显示方式,默认为_____。

二、选择题

1.在 MgSQL 中,建立查询的命令是(　　　　)。

　　A.select　　　　　　B.alter　　　　　　　C.create　　　　　　D.delete

2.在 select 语句中,要指定筛选条件,使用的子句是(　　　　)。

　　A.limit　　　　　　B.group by　　　　　C.where　　　　　　D.order by

3.在 select 语句中,要对某字段纵向求和,应使用的函数是(　　　　)。

　　A.sum( )　　　　　B.count( )　　　　　C.max( )　　　　　　D.avg( )

4.代表一个任意字符的通配符是(　　　　)。

　　A.?　　　　　　　　B. *　　　　　　　　C._　　　　　　　　D.%

5.可以用来限制数据记录查询数量的子句是(　　　　)。

　　A.where　　　　　　B.while　　　　　　C.limit　　　　　　D.else

三、判断题

1.不打开数据库也能查询其中的数据记录。　　　　　　　　　　　　　　(　　　)

2.count(字段名)统计记录时,返回值不包含值为 null 的记录。　　　　(　　　)

3.select 查询结果默认为列式显示方式。　　　　　　　　　　　　　　(　　　)

4.在"表达式 as 标题"中,关键字 as 可以省略。　　　　　　　　　　(　　　)

5.null 不表示数据。　　　　　　　　　　　　　　　　　　　　　　　(　　　)

6.between… and 表示两个数之间,包括端点。　　　　　　　　　　　(　　　)

7.in(表达式表)中的表达式可以是日期。　　　　　　　　　　　　　　(　　　)

8.order by 后的排序字段可以有多个。　　　　　　　　　　　　　　　(　　　)

9.limit 关键字必须和 order by 一起使用。　　　　　　　　　　　　　(　　　)

10.分组查询中必须使用聚合函数。　　　　　　　　　　　　　　　　　(　　　)

四、按要求书写查询语句

1.在 merchinfo 表中,查询所有商品的名称及条码。

2.在 merchinfo 表中,查询商品名称、进价,并按进价降序显示。

3.在 member 表中,查询会员人数。

4.在 dealing 表中,查询 2020 年 10 月 17 日购买商品的会员编号。

5.查询 merchinfo 表中"红牛""农夫山泉""方便面"的进价。

6.在 dealing 表中,查询销售金额在前 5 名的商品编号。

[任务二]

从多数据表中检索数据

庄生在打印顾客的购物单时,发现商品名称在商品信息表 merchinfo 中,商品单价和购买数量却在交易表 dealing 中,购物单需要的数据需要从两个数据表中抽取后组合。MySQL 提供了从两个及以上表中抽取数据的技术,可为查询数据的需求提供各种解决方案。本任务要求你和庄生一起去探索和运用多表查询技术满足立生超市管理中的数据查询需求。为此,需要你们能够:

- 连接两个表并从中查询数据;
- 合并查询结果;
- 使用子查询实现数据查询。

一、使用连接查询

购物单上的商品名在 merchinfo 表中,商品单价和购物数量在 dealing 表中,需要把这两个表连接起来抽取出购物单上所需的数据。请参考图 5-11 和图 5-12 所示的操作输出会员号为 20200003 的顾客的购物单,完成后面的内容。

微课

使用连接查询

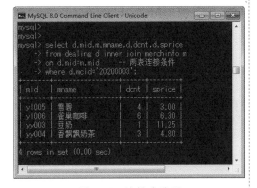

图 5-11　连接查询 I　　　　　　　图 5-12　连接查询 II

(1)请观察图 5-11 所示的输出购物单信息的查询命令,它与之前使用的查询命令有哪些不同的地方? 在查询列表中每个字段都前缀了一个名字,此处有 d 和 m,它们有什么作用? 它们与 from 子句数据表后的名字 d、m 有联系吗?

（2）对比图 5-11 与图 5-12，它们都输出了相同的购物单信息，这说明什么？把图 5-12 中的命令抄写下来，然后标记出命令中实现数据表连接部分的子句并指出使用方法。

（3）请回忆一下什么是数据表的主键、外键，它们有什么作用？上述示例中的两个表是通过什么连接起来的？谁是主表，谁是从表？

（4）试一试，把命令中的连接条件删除（对于图 5-11 中的命令，删除 where 子句即可，而对图 5-12 中的命令把 on 子句删除，where 子句改为 where 1），两个数据表还能连接吗？命令输出的是什么结果，产生了多少条输出记录？分析后给出数据表连接查询的建议。

（5）请上机验证下面这条查询命令的输出是否与图 5-11 和图 5-12 所示的结果一致？然后说明子句 natural inner join 实现的是哪种数据连接的特性？

    select d.mid,m.mname,d.dcnt,d.sprice
    from dealing d natural inner join merchinfo m
    where d.mcid=' 20200003 ';

（6）试一试，把 inner join 分别换成 left outer join、right outer join 和 full outer join，观察查询输出结果，你能得出什么结论？

❖ 我来挑战

在员工表 user 中查询员工的工号 uid、用户名 uname 和所属部门领导的用户名 uname。

联结查询及要求

二、合并查询结果

由于商品信息过多，集中存储在一个数据表中会影响查询数据的性能。在"立生超市管理系统"中把商品信息分别存储在 merchinfo 和 emerchinfo 两个数据表中，在查询时需要把两个表中的查询结果合并后输出。请参考图 5-13 和图 5-14 所示的操作，完成后面的内容。

图 5-13　分步查询

图 5-14　合并查询

（1）对比图 5-13 和图 5-14 所示的操作，它们是否都实现了查询超市商品中库存量少于 100 的商品信息？图 5-14 中使用了什么子句来合并两个查询的结果？

（2）如果两个查询命令的选择列表中表达式数目不一致，能合并它们的查询结果吗？

（3）如果两个查询命令的选择列表中表达式数目相同，但类型不同，能合并它们的查询结果吗？

1.数据表的连接查询

连接是关系的基本操作，就是把两个关系中的记录连接起来生成一个新的关系。无任何约束的连接操作是把一个关系的每条记录依次和另一个关系的每条记录连接，得到的新关系的记录总数是两个关系记录数之积，这种连接称为笛卡尔积。连接查询是在笛卡尔积中指定连接条件生成新关系的操作，分为内连接查询和外连接查询。

（1）内连接查询

内连接查询是在笛卡尔积中保留匹配记录的查询操作。

select｛表达式列表｝

from｛表1［别名1］｝［natural］［inner］join｛表2［别名2］｝［inner join｛表3［别名3...］｝

on｛连接条件｝

或

select｛表达式列表｝

from｛表1［别名1］｝,｛表2［别名2］｝［,｛表3［别名3］｝,...］

where｛连接条件｝

用法说明：

- 表达式列表中的字段，需要使用表名或表的别名限定，以明确字段所属的数据表，写成｛表名|表别名｝.｛字段名｝。
- inner join 子句用于指定参与内连接的数据表。 join 子句左边的表称为左表，其右边的表称为右表。
- on 子句配合 join 子句使用，用于指定连接条件。
- natural 子句声明为自然连接，相当于连接条件是相同字段的等值连接，此时要省略 on 子句。

（2）外连接查询

外连接查询是指查询结果中除匹配的记录数据外，还包括不匹配的记录数据，根据情况分为左外连接和右外连接。

select｛表达式列表｝

from｛表1［别名1］｝［natural］｛left | right｝［outer］join｛表2［别名2］｝

on｛连接条件｝

用法说明：

- left 子句声明左外连接，查询结果包括左表中所有记录和右表中所有与连接条件匹配的记录。
- right 子句声明右外连接，查询结果包括右表中所有记录和左表中所有与连接条件匹配的记录。

2.合并查询

合并查询的目的是把多个查询语句的结果合并成一个查询结果。

select 语句1 union［all］select 语句2［union［all］select 语句3 ...］

用法说明：

- union 子句用于联合查询命令，合并它们的查询结果并删除重复的记录。
- union all 的功能与 union 相同，但不删除结果中的重复记录。

- 由于关系模式的规范化要求，信息管理系统中的数据分散存储在不同的数据表中，在进行综合信息查询时经常使用连接查询。连接查询的开销大，性能低于单表查询。在设计关系模式时，要在关系模式范式等级和查询开销之间作出平衡处理。
- 在连接查询中的选择列表中的字段必须声明它所属的数据表。为数据表取个简短的别名有助于简化选择列表中字段限定名的书写。
- natural 声明自然连接，自动以两表中相同字段值相等为连接条件，两表中相同字段只能有一个，此时不能再用 on 子句声明连接条件。
- 内连接查询的第一种语法是 MySQL 支持的 ANSI 格式，第二种语法是 SQL 语言的标准格式。
- union 合并查询结果时，两个查询命令的选择列表中表达式的个数必须相同。

三、体验子查询

微课

体验子查询

由于连接查询是基于笛卡尔积的，而多个数据表的笛卡尔积操作生成的记录数会相当大，会消耗 CPU 大量的算力和内存空间，严重时会导致系统失去响应，因此，简单的连接查询是低效的。为此，MySQL 支持子查询功能来提高多表查询的效率。基本思想是分步查询，后一个查询使用前一个查询的结果，依次类推，形成查询嵌套，这样就避免了连接查询的低效问题。具体地讲，在一个查询命令的 where 子句或 from 子句中可使用另一个查询语句的结果，从而构成嵌套查询。where 子句或 from 子句中的查询称为子查询，包含子查询的外层查询称为主查询。图 5-15、图 5-16 和图 5-17 示范了子查询的使用，请参考后完成后面的内容。

图 5-15　子查询（1）

图 5-16　子查询（2）

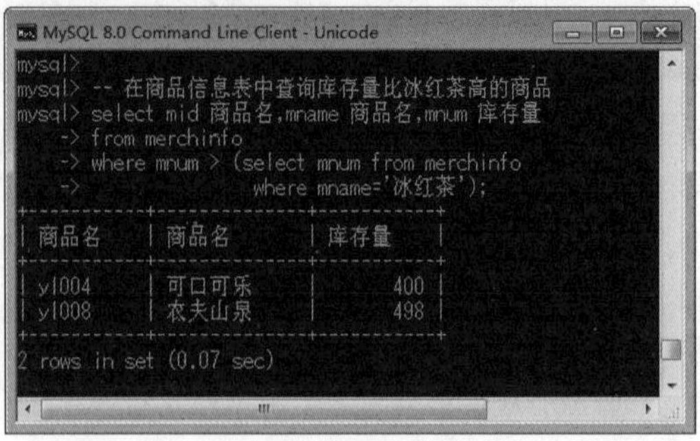

图 5-17　子查询(3)

(1)请在上述 3 个图中标出子查询和对应的主查询,并说明子查询出现在主查询的什么位置上。

(2)在图 5-15 中,子查询的返回结果有何特点?查询命令中关系运算符 not in 的运算规则是什么?

(3)在图 5-16 中,子查询的返回结果有何特点?请分析它在命令中充当了什么角色。

(4)在图 5-17 中,子查询的返回结果有何特点?在查询命令中使用了关系运算">",根据需要是否可以使用其他关系运算呢?

(5)请归纳,什么时候子查询要放在主查询的 where 子句中,什么时候子查询要放在主查询的 from 子句中。

(6)图 5-16 所示的查询中同时使用了连接和子查询,仅使用连接也是可以实现该查询要求的。请分析使用子查询是否提高了查询的性能。

❖ 我来挑战

通过商品信息表 merchinfo、emerchinfo 和供货商表 provider 查询有哪些供货商为立生超市供货。

日积月累

SHUJUKU JICHU JI YINGYONG
——MySQL
RIJIYUELEI

1.子查询

子查询是指包含在查询命令子句中的查询，与包含它的主查询一起构成嵌套查询来实现多表查询。根据子查询结果的不同情况，子查询可以出现在 where 子句和 from 子句中。

2.where 子句中的子查询

当子查询的结果是单行单列、单列多行或单行多列这 3 种情况时，它应出现在 where 子句中。

（1）子查询结果是单行单列

主查询的 where 子句可以使用关系运算符>、>=、<、<=、=、！=来与子查询的结果进行比较。

（2）子查询结果是单列多行

主查询的 where 子句可以使用关系运算符 in、not in 来判断是否是子查询结果中的值。

在子查询带 any 时，主查询的 where 子句中可有下列使用情况。

- =any：表示是子查询结果中的任意一个值，与 in 相同。
- ！=any：表示不是子查询结果中的任意一个值，与 not in 相同。
- >any(>=any)：表示大于(或大于等于)子查询结果中最小的值。
- <any(<=any)：表示小于(或小于等于)子查询结果中最大的值。

在子查询带 all 时，主查询的 where 子句中可有下列使用情况。

- >all(>=all)：表示大于(或大于等于)子查询结果中最大的值。
- <all(<=all)：表示小于(或小于等于)子查询结果中最小的值。

（3）子查询结果是单行多列

主查询的 where 子句中一般用关系运算 "="来判断与子查询结果的多列数据值是否对应相等。如要查询与某顾客购买某种商品数量相同的所有顾客，可使用这种子查询来实现。

```
mysql >select mcid,mid,dcnt
    >from dealing
    > where（mid,dcnt）=（select mid,dcnt from dealing
    >                        where mcid=' 20200009 '）;
```

（4）使用带 exists 的子查询

where 子句中可使用 exists 所带任何类型的子查询，当子查询有返回结果集为真，反之为假，也可使用 no exists 的子查询，其与 exists 的子查询行为相反。

3.from 子句中的子查询

当子查询的结果是多行多列时，它应出现在主查询的 from 子句中，视为一个数据表来使用。

眼下留神　SHUJUKU JICHU JI YINGYONG—MySQL　YANXIALIUSHEN

- 子查询原则上可用于查询的任何子句中,但在实际应用中常出现在 from 子句和 where 子句中。
- 在主查询中的子查询要用括号"()"括起来,子查询不用分号结束。
- 建议在多表查询中尽可能使用子查询,特别在数据量很大时,可以明显提高查询速度和数据库系统的整体性能。

▶任务评价

一、填空题

1.全连接又称_____。

2.若 R 表和 S 表分别有 m、n 条记录,全连接后的结果有_____条记录。

3.关系数据操作中包括全连接、左连接和_____。

4.多表查询可以通过连接、联合查询或_____查询的方式来实现。

5.显示表达式 3 * 5 的值,其命令是_____。

6.内部连接查询可以使用_____,也可以使用 where 来实现。

7.数据表的关系操作包括_____、_____和连接。

8.返回查询结果中所有行的关键字是_____,去掉重复结果的是_____。

二、选择题

1.下列不属于连接类型的是(　　)。

　　A.左外连接　　　B.内连接　　　　C.中间连接　　　　D.交叉连接

2.在 SQL 语言中,子查询是(　　)。

　　A.选取单表中字段子集的查询语句

　　B.选取多表中字段子集的查询语句

　　C.返回单表中数据子集的查询语言

　　D.嵌入到另一个查询语句之中的查询语句

3.下列不属于内部连接的是(　　)。

　　A.自然连接　　　B.等值连接　　　C.不等连接　　　　D.左连接

4.当子查询的返回结果为单行多列数据记录时,该子查询语句一般在主查询语句的 where 子句里,可以使用的比较运算符是(　　)。

　　A.in　　　　　　B. =　　　　　　C.>　　　　　　　　D. ! =

5.限制查询结果的记录数量的关键字是(　　　)。

    A.limit　　　　　　　B.all　　　　　　　C.distinct　　　　　　　D.group by

三、判断题

1.查询的数据源可以有多个表。　　　　　　　　　　　　　　　　　　　　　(　　　)

2.自然连接与等值连接同属于内连接,没有区别。　　　　　　　　　　　　　(　　　)

3.自然连接一定是等值连接,但等值连接不一定是自然连接。　　　　　　　　(　　　)

4.内连接形成的记录数一定不大于全连接形成的记录数。　　　　　　　　　　(　　　)

5.左连接形成的记录数由关联左边的记录数决定。　　　　　　　　　　　　　(　　　)

6.多表查询的连接可以使用 join on 或 where 来指定连接条件。　　　　　　　(　　　)

7.子查询就是在一个查询之中嵌套了其他若干个查询。　　　　　　　　　　　(　　　)

8.全连接查询是两个数据表在没有连接条件控制下的连接查询。　　　　　　　(　　　)

9.左连接查询可以改为右连接查询来实现。　　　　　　　　　　　　　　　　(　　　)

10.当子查询的返回结果为单行单列数据记录时,该子查询语句一般在主查询语句
的 where 子句里出现。　　　　　　　　　　　　　　　　　　　　　　　　　(　　　)

11.当子查询的返回结果为多行单列数据记录时,该子查询语句一般在主查询语句
的 where 子句里出现。　　　　　　　　　　　　　　　　　　　　　　　　　(　　　)

12.=any 的功能与关键字 in 一样。　　　　　　　　　　　　　　　　　　　(　　　)

13.<any 返回比子查询结果中最大值小的数据记录。　　　　　　　　　　　　(　　　)

14.>all 返回比子查询结果中最大值大的数据记录。　　　　　　　　　　　　(　　　)

四、按要求写命令

1.用两种方法查询每一条销售记录的商品名称和数量。

2.查询会员李永忠购买商品的明细,包括会员姓名、商品编号及交易日期。

3.查询 2020 年 10 月 15 日的销售毛利。

4.用两种方法查询 2020 年 10 月 15 日销售商品的名称及数量。

5.查询每一个收银员的总营业额。

6.查询销售额排名前三位的商品。

7.使用左连接查询所有商品的销售明细,包括商品名称、库存量、进价、会员编号。

8.使用右连接查询所有商品的销售明细,包括商品名称、库存量、进价、会员编号。

9.查询所有在售商品的销售明细,包括商品名称、库存量、进价、会员编号。

10.在 markdb 数据库的会员表 member 中,查询累积销售金额比汪华高的全部会员
信息。

11.跟踪调查在立生超市购买了商品编号 mid 为 yy003 的会员,需要查询其详细
信息。

12.在交易表 dealing 中,查询商品销售数量高于豆奶的商品的编号 mid 和数量 dcnt。

13.查询交易表中 2020 年 10 月 18 日有销售的商品的编号 mid 和商品名称 mname。

14.查询交易表中 2020 年 10 月 18 日没有销售的商品的编号 mid 和商品名称 mname。

15.查询 2020 年 10 月 15 日销售的商品名称及价格。

16.用两种方法在交易表 dealing 中查询在售的商品种数。

[任务三]   NO.3

使用存储过程和存储函数

在"立生超市管理系统"中有大量重复的数据管理工作需要使用多条 SQL 语句才能完成。庄生发现这样的数据管理效率很低,除此之外,他还希望缺乏数据库专业知识的员工也能执行一些简单的管理工作。MySQL 可以把一组管理命令集成为一个数据库对象存储在数据库中,这就是存储过程和存储函数。在进行数据管理时,只需要根据管理功能的要求调用相关的存储过程和存储函数就能便捷地完成管理工作,而不需要管理员有丰富的专业知识,还在一定程度上保护了数据安全。在本任务中,你将与庄生一起探索 MySQL 存储过程和存储函数的创建、使用和管理。为此,需要你们能够:

- 创建需要的存储过程和存储函数;
- 使用存储过程和存储函数进行数据管理;
- 查看并管理存储过程和存储函数。

微课

存储过程与存储函数

一、创建存储过程与存储函数

存储过程和存储函数是存储在数据库中的一种数据库对象。其本质上是一段按照实现某种数据管理功能的业务逻辑组织起来的、使用指定格式封装的、用 SQL 语言描述的程序段。图 5-18、图 5-19 和图 5-20 展示了存储过程和存储函数的创建方法,图 5-21 和图 5-22 分别展示了存储过程和存储函数的调用方法,请参考它们完成后面的内容。

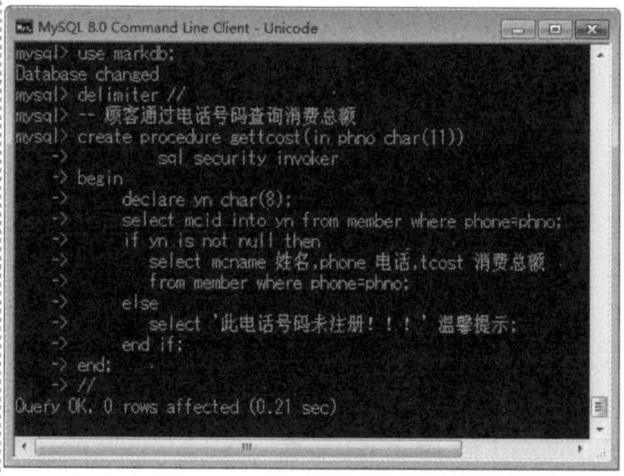

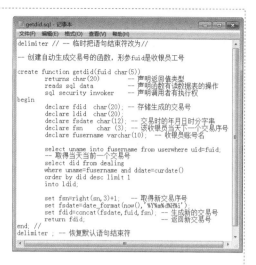

```
mysql> use markdb;
Database changed
mysql> delimiter //
mysql> -- 顾客通过电话号码查询消费总额
mysql> create procedure gettcost(in phno char(11))
    ->        sql security invoker
    -> begin
    ->     declare yn char(8);
    ->     select mcid into yn from member where phone=phno;
    ->     if yn is not null then
    ->         select mcname 姓名,phone 电话,tcost 消费总额
    ->         from member where phone=phno;
    ->     else
    ->         select '此电话号码未注册！！！' 温馨提示;
    ->     end if;
    -> end;
    -> //
Query OK, 0 rows affected (0.21 sec)
```

图 5-18　建立存储过程(1)

```
delimiter // -- 临时把语句结束符改为//

-- 创建自动生成交易号的函数，形参fuid是收银员工号

create function getdid(fuid char(5))
        returns char(20)          -- 声明返回值类型
        reads sql data            -- 声明函数有读数据表的操作
        sql security invoker      -- 声明调用者有执行权
begin
        declare fdid  char(20); -- 存储生成的交易号
        declare ldid  char(20);
        declare fsdate char(12); -- 交易时的年月日时分字串
        declare fsn    char (3); -- 该收银员当天下一个交易序号
        declare fusername varchar(10);  -- 收银员账号名

        select uname into fusername from userwhere uid=fuid;
        -- 取得当天当前一个交易号
        select did from dealing
        where uname=fusername and ddate=curdate()
        order by did desc limit 1
        into ldid;

        set fsn=right(sn,3)+1;    -- 取得新交易序号
        set fsdate=date_format(now(),'%Y%m%d%H%i');
        set fdid=concat(fsdate,fuid,fsn); -- 生成新的交易号
        return fdid;                      -- 返回新交易号
end; //
delimiter ; -- 恢复默认语句结束符
```

图 5-19　建立存储过程(2)

```
mysql>
mysql> use markdb;
Database changed
mysql> source d:/mysql8/uploads/getdid.sql;
Query OK, 0 rows affected (0.20 sec)
```

图 5-20　导入外部存储过程文件

```
mysql>
mysql> -- 电话号码是13685394532的顾客查询消费总额
mysql> call gettcost('13685394532');
+--------+-------------+----------+
| 姓名   | 电话        | 消费总额 |
+--------+-------------+----------+
| 吴颜秀 | 13685394532 |  3421.00 |
+--------+-------------+----------+
1 row in set (0.05 sec)

Query OK, 0 rows affected (0.07 sec)

mysql> -- 电话号码是15985394561的顾客查询消费总额
mysql> call gettcost('15985394561');
+------------------------+
| 温馨提示               |
+------------------------+
| 此电话号码未注册！！！ |
+------------------------+
1 row in set (0.00 sec)
```

图 5-21　调用存储过程

```
mysql>
mysql> -- 工号为sy002的收银生成当前交易号
mysql> set @now_did=getdid('sy002');
Query OK, 0 rows affected (0.00 sec)

mysql> select @now_did 当前交易号;
+----------------------+
| 当前交易号           |
+----------------------+
| 202012282052sy00215  |
+----------------------+
1 row in set (0.00 sec)
```

图 5-22　调用存储函数

(1)仿照图 5-18 所示的方法,在 MySQL 客户端中创建存储过程 gettcost,记录操作过程中出现的问题和采取的解决方法,通过分析、思考、讨论,提出在 MySQL 中创建存储过程的建议。

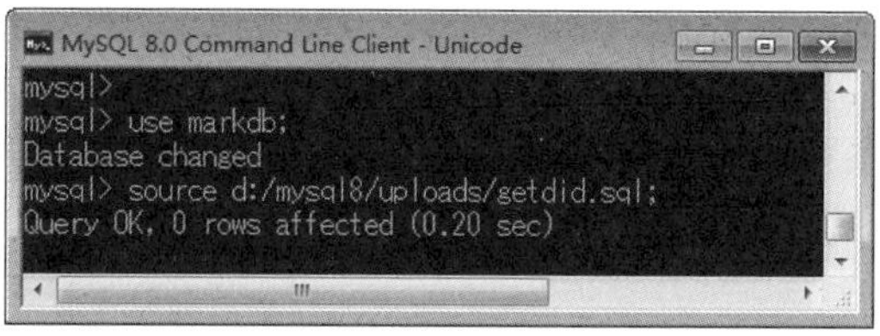

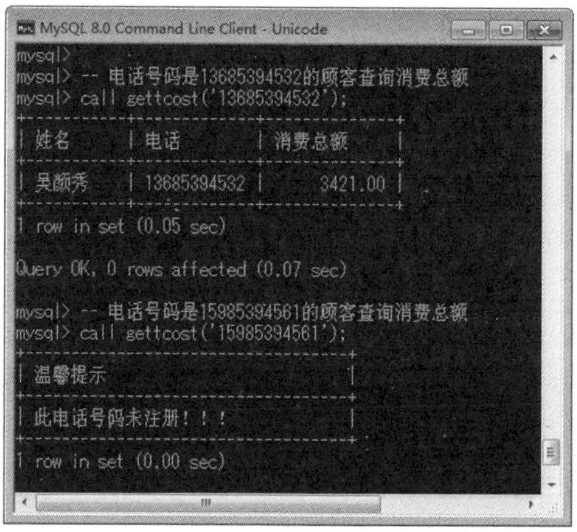

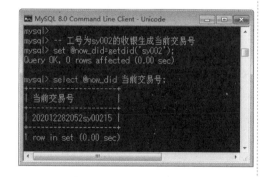

（2）参考图 5-19 和 5-20 所示的方法创建存储函数,归纳采用这种方法创建存储过程和存储函数的步骤,然后与图 5-18 所示的在 MySQL 客户端程序中直接创建存储过程和存储函数的方法比较,你认为哪一种方法更值得推荐? 为什么?

（3）想一想,在创建存储过程和存储函数之前,为什么要把默认的语句结束符改成别的符号? 不改可以吗?

（4）仔细观察图 5-18 和图 5-19,把其中的存储过程和存储函数的程序代码框出来,然后分别写出存储过程和存储函数的框架结构。

（5）根据你的观察和分析,存储过程和存储函数有什么区别?

（6）在存储过程和存储函数中,画出定义变量和为变量赋值的语句,然后归纳定义变量和为变量赋值的方法。

（7）为提高存储过程和存储函数代码的可读性,可给它们添加注释。在 MySQL 中使用什么符号作为注释符? 注释应放在程序的什么位置? 添加注释有需要特别注意的地方吗?

（8）观察图 5-21 和图 5-22,在下面写出调用存储过程和存储函数的方法,然后说出它们的区别。

（9）图 5-19 中的存储函数 getdid 没有考虑每天第一笔交易号的生成问题。试一试,在新的一天调用 getdid 能正常生成有效的交易号吗? 规定每个收银员在每天的第一笔交易号都是 001,请修改存储函数的程序代码,使它能正常工作。

⁂ 我来挑战

（1）创建一个存储过程 showms，输入商品名，输出商品的名称、进价和该商品的进货总额。

（2）创建一个存储函数 getmgr，输入员工账号后，能返回其部门经理账号。

日积月累　SHUJUKU JICHU JI YINGYONG —MySQL RIJIYUELEI

1.存储过程与存储函数

存储过程（procedure）和存储函数（function）是一段按照实现某种数据管理功能的业务逻辑组织起来的、使用指定格式封装起来的、用 SQL 语言编写的程序段。存储过程和存储函数在数据库中是一种数据库对象。它们的区别在于，存储函数执行后有返回值。

2.创建存储过程与存储函数

（1）创建存储过程

create procedure ｛过程名｝（［参数列表］）

［特性］

begin

　　｛存储过程体｝

end；

用法说明：

● 参数列表：由 0 个或多个形式参数变量声明组成，声明了存储过程执行时需要的数据和类型。参数变量的声明格式为：

　　［in｜out｜inout］｛形参变量名｝｛数据类型｝

　　in 表示参数变量用于在过程被调用时接收传入的数据，out 表示参数变量向调用者输出数据，inout 声明的参数变量兼有数据输入和输出的功能。

● 特性：声明存储过程或存储函数的语言、数据访问、安全等特征。

　　［not］determinestic：声明存储过程在输入相同时，执行的结果是否是确定的。默认为 not determinestic。

　　contains sql：包含 SQL 语句，但不包含读写数据表的语句。

　　no sql：不包含 SQL 语句。

　　reads sql data：包含读数据表的 SQL 语句，如 select 语句。

　　modifies sql data：包含写数据表的 SQL 语句，如 insert 和 update 语句。

　　sql security ｛definer｜invoker｝：声明执行存储过程的角色。definer 指创建存储过程和存储函数的用户，invoker 表示有权限的调用者。默认为 definer。

　　comment ｛注释字符串｝

- 存储过程体：由 begin… end 界定的 SQL 语言代码组成，描述了存储过程实现的数据处理功能。

（2）创建存储函数

create function ｛函数名｝(［参数列表］)

    returns ｛类型｝

    ［特性］

begin

    ｛存储函数体｝

end；

用法说明：

- 参数列表：与存储过程的参数列表相似，但参数变量的声明不能指定 in、out 和 inout 输入输出特性，存储函数的参数输入输出特性默认总是 in。
- returns ｛类型｝：声明存储函数的返回值类型，类型可以是 MySQL 支持的所有类型。
- 存储函数体：与存储过程体相似，但其中必须有 return ｛表达式｝语句，用于向调用者返回处理后的数据。

3.存储过程中变量的声明与赋值

（1）声明变量

declare ｛变量名列表｝｛类型｝［default ｛初始值｝］；

（2）变量赋值

set ｛变量名｝=｛表达式｝；

4.调用存储过程和存储函数

（1）调用存储过程

call ｛存储过程名｝(［实际参数列表］)；

（2）调用存储函数

select ｛存储函数名｝(［实际参数列表］)；

set 变量=｛存储函数名｝(［实际参数列表］)；

微课

使用游标

二、在存储过程中使用游标

在存储过程和存储函数中，当查询返回多条记录时，需要有一种方法来保存它们，以便程序能一一处理它们。MySQL 使用称为游标(Cursor)的数据结构来存储查询返回的多行记录，也称为结果集。请参考图 5-23 和图 5-24 所示的在存储过程和存储函数中创建、使用游标来进行数据处理的方法，完成后面的内容。

图 5-23　定义游标　　　　　　　　　　　　图 5-24　测试游标

（1）从图 5-23 中可以发现，使用游标依次分为哪几个步骤？在图上标记出来，并写出它们的使用命令及格式。

（2）游标存储的是一次查询结果集，它包含多条记录。在存储过程和存储函数中需要逐条处理，这是典型的重复操作，需要使用循环控制命令来实现。在图 5-23 中找出实现循环的语句，可使用流程图分析它的执行过程，程序中是怎样结束循环语句执行的？

（3）从游标中取数据记录的命令 fetch 一次能取几条记录？它取记录的顺序是怎样的？能指定取游标中的某条记录吗？当取了游标的最后一条数据记录时，再执行取记录操作会发生什么事件呢？

（4）MySQL 为了避免系统出现异常事件后直接终止程序，提供了异常事件处理机制，让用户有机会检测异常事件并决定处理方式和相关的操作。本存储函数中声明了一个异常处理器（handler），它检查"no found"事件，该事件发生后，执行操作"set flag＝1;"并让程序继续执行。请找出函数声明异常处理器的语句并分析其各组成部分的作用。

三、管理数据库的存储过程和存储函数

MySQL 在数据库中保存了存储过程和存储函数及状态信息,通过查看它们的状态信息和创建信息可以帮助用户更好地使用它们的功能。对用户自定义的存储过程和存储函数,还可以改变它们的特性来适应新的需求,而对不再需要的存储过程和存储函数,就可以及时清理以节省数据库存储空间。请参考图 5-25、图 5-26 和图 5-27 所示的查看、修改和删除存储过程和存储函数的方法,完成后面的内容。

图 5-25　查看存储过程(1)

图 5-26　查看存储过程(2)

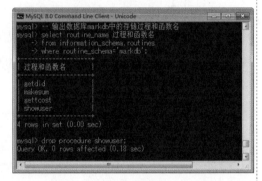

图 5-27　修改存储过程

图 5-28　查看数据库的存储过程

(1)请参考图 5-25 和图 5-26 并上机实践,然后描述图 5-25 所示的命令可以查看存储过程和存储函数的哪些信息?并把左侧显示的信息名称与右侧的中文名称对应起来。图 5-26 所示的命令又提供了存储过程和存储函数的哪些信息呢?

(2)试一试,用图 5-25 和图 5-26 所示的命令显示存储函数 getdid 的信息,把使用的命令写下来。

（3）请参考图 5-27 所示的操作，写出修改存储过程和存储函数特性的命令的使用方法。

（4）你知道存储过程和存储函数是保存在什么数据库的什么数据表中吗？从图 5-27 中，你能知道访问非当前数据的数据表的方法吗？

（5）图 5-28 展示了仅显示指定数据库的存储过程和存储函数名称的方法，以及删除存储过程和存储函数的方法。请上机验证，并写出删除存储过程和存储函数的命令的使用方法。

日积月累　SHUJUKU JICHU JI YINGYONG —MySQL　RIJIYUELEI

1.SQL 语言中的流程控制

（1）分支流程控制

- if 语句

  if｛条件表达式 1｝then｛语句组 1｝

  ［elseif｛条件表达式 2｝then｛语句组 2｝...］

  ［else｛语句组 n｝］

  end if；

- case 语句

  case｛表达式｝

  　　when｛值 1｝then｛语句组 1｝

  　　［when｛值 2｝then｛语句组 2｝...］

  　　［else｛语句组 n｝］

  end case；

（2）循环流程控制

- loop 语句

  ［｛标号｝：］loop

  　　　　　｛语句组｝

  end loop［｛标号｝］；

- repeat 语句

  〔｛标号｝：〕repeat

  　　　　｛语句组｝

  until ｛条件表达式｝

  end repeat 〔｛标号｝〕；

- while 语句

  〔｛标号｝：〕while ｛条件表达式｝ do

  　　　　｛语句组｝

  end while 〔｛标号｝〕；

- 辅助流程控制语句

  leave ｛标号｝；　　--结束循环语句

  iterate ｛标号｝；　　--提前结束本次循环，直接开始下一次循环

标号是标志循环语句的一个名称，后置冒号"："与循环语句分隔。

2.游标的使用

（1）声明游标

declare ｛游标名称｝ cursor for ｛查询语句｝；

（2）使用游标

- 打开游标

  open ｛游标名称｝；

- 访问游标

  fetch ｛游标名称｝ into ｛变量名列表｝；

- 关闭游标

  close ｛游标名称｝；

3.异常处理

declare ｛处理方式｝ handler for ｛异常类型｝｛程序段｝

使用说明：

- 处理方式：声明 MySQL 发生异常的处理方式。

  continue：继续执行。

  exit：退出执行，未声明异常处理时的默认方式。

  undo：撤销发生异常前的所有操作，目前 MySQL 不支持。

- 异常类型：声明要处理 MySQL 的异常类型。

  sqlstate ｛字符串型异常代码｝：MySQL 系统定义的 5 个数字组成的字符串代码。

  sqlwarning：01 开头的 MySQL 异常代码。

  not found：02 开头的 MySQL 异常代码。

  sqlexception：代表非 sqlwarning 和 not found 的错误代码。

  MySQL 数据型异常代码：一个 4 位整数异常代码。

- 程序段：定义在发生异常后，要执行的操作。

4.管理存储过程和存储函数

（1）查看存储过程和存储函数的状态

show procedure | function status 〔like ｛模式字串｝〕\G

（2）查看存储过程和存储函数的定义信息

show create procedure | function ｛过程或函数名｝ \G

（3）通过系统数据库 information_schema 查询存储过程和存储函数信息

select ＊ from information_schema.routines \G

（4）修改存储过程和存储函数的特性

alter procedure | function 特性；

（5）删除存储过程和存储函数

drop procedure | function ［if exists］｛过程或函数名｝；

眼下留神

SHUJUKU JICHU JI YINGYONG
—MySQL
YANXIALIUSHEN

- 创建存储过程与存储函数时，要先选择数据库，在同一个数据库中，不能有同名的存储过程与存储函数。
- 存储过程与存储函数中的 SQL 语句也使用分号 "；" 作为结束符，与 MySQL 客户端程序中语句的结束符相冲突，因此要在创建之前把 MySQL 客户端语句结束符临时改为其他符号，完成创建后，再改回默认的分号。
- 游标只能在存储过程或存储函数中使用。 fetch 每次只能读取一条记录的数据存储到变量中且只能从头到尾依次读取，变量要与记录中字段一一对应。 fetch 读取完游标中所有记录后，发出 not found 异常通知。
- 如果在循环语句中要使用 leave 和 iterate 语句，则必须在循环语句开始处定义语句标号，否则可以不用语句标号。

▶任务评价

一、填空题

1.MySQL 中修改结束符的命令是＿＿＿＿。

2.调用存储过程的命令是＿＿＿＿。

3.存储函数的主体称为＿＿＿＿。

4.存储函数用＿＿＿＿调用。

5.在存储过程中使用＿＿＿＿声明变量。

6.当存储过程有多个参数时,参数间用＿＿＿＿分隔。

7.MySQL 中常用的条件判断语句有＿＿＿＿和＿＿＿＿。

8.MySQL 中常用的循环语句有＿＿＿＿、＿＿＿＿和＿＿＿＿。

二、选择题

1.下列可以定义为语句结束符的是(　　　)。

    A.$ B.￥   C.#   D.\

2.调用存储过程的命令是(　　　)。

    A. call   B. select   C. create   D. do

3.下列不是存储过程参数类型的是(　　　)。

    A. in   B. out   C. inout   D. input

4.删除存储过程和存储函数的命令是(　　　)。

    A. alter   B. delete   C. del   D. drop

5.可以用(　　　)来声明游标。

    A. create cursor   B. alter cursor   C. set cursor   D. declare cursor

6.存储过程的标志是(　　　)。

    A. begin… end   B. if… endif

    C. do… enddo   D. do case… endcase

7.创建过程的命令是(　　　)。

    A. create   B. alter   C. drop   D. delete

8.下列不是 MySQL 条件分支语句的是(　　　)。

    A. if… then… else   B. while

    C. if… endif   D. repeat

三、判断题

1.存储过程和存储函数都有参数。 (　　　)

2.存储过程一定有 begin…end 标志。 (　　　)

3.delimiter 命令可以将 MySQL 语句的结束标志修改为其他符号。 (　　　)

4.调用非当前数据库中的存储过程需要在存储过程名前加数据库名。 (　　　)

5.当存储过程有多个参数时,参数间用分号分隔。 (　　　)

6.存储过程可以没有参数,但后面的括号不能省略。 (　　　)

7.存储过程的参数名称不能与字段名相同,否则可能引发不可预知的结果。 (　　　)

8.存储函数不能与存储过程同名。 (　　　)

9.在存储过程中可以声明局部变量。 (　　　)

10.声明局部变量时若不给定默认值,则其值为 null。 (　　　)

11.在存储过程中声明的局部变量只能在 begin…end 语句块中使用。 (　　　)

12.只能将查询结果为单行的列值赋给变量。 （   ）

13.可以将查询结果赋值给变量。 （   ）

14.set 命令可以同时给多个变量赋值。 （   ）

四、编写程序

1.编写一个存储过程,按指定日期查询交易明细。

2.编写一个存储函数,可查询指定会员的积分。（积分计算方法为每 10 元积 1 分）

3.创建一个存储过程,实现查询 member 表中给定日期的会员注册人数。

4.编写一个存储函数,查询给定日期的毛利润。（毛利润的计算公式为交易价格减去进价,再乘数量,然后求和）

5.编写一个存储过程,求 1~100 所有偶数的和。

6.编写一个存储函数,求 $1+2+\cdots+n$ 的值。

7.编写一个存储过程,在 dealing 表中,统计单笔交易金额在 100 元以上的交易数量。

[任务四]

使用视图

庄生在立生超市的管理过程中发现有两方面的问题急需解决:一是大部分数据查询需要使用连接查询和子查询,查询命令比较复杂,每次重新构建查询命令时,不但命令烦琐,还易出错;二是应用程序和不同的用户只需要访问数据表中部分字段的数据,而现在都是直接访问基础数据表,不能限制他们去访问与其工作无关的数据,存在数据泄密和被损坏的风险。在 MySQL 中,可通过视图来满足复杂查询语句轻松重复使用和数据表安全访问的要求。在本任务中,你和庄生将探索使用 MySQL 的视图特性来简化复杂查询的使用并提高数据访问的安全性。为此,需要你们能够:

- 把复杂的查询语句创建成视图;
- 使用视图实现数据查询;
- 管理数据库中的视图。

一、创建视图

视图是为应用程序或用户定义的访问数据的"窗口",可以使用与操作数据表相似的方法操作视图。视图被称为虚拟表,它的数据定义可来自一个或多个数据表,也可来自已存在的视图。图 5-29 和图 5-30 展示了视图的创建过程,请参考并完成后面的内容。

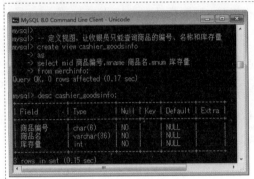

图 5-29　创建视图(1)

图 5-30　创建视图(2)

(1)请仿照图 5-29 和图 5-30 上机实践,归纳创建视图命令的使用方法。

(2)假如你是一个收银员,你没有访问商品数据表的权限,只能通过视图 cashier _goodsinfo 来查询数据,上机实践后,写出你使用的命令。

(3)通过实践,你发现视图中的字段名是怎样确定的吗? 请给出创建视图时为视图字段确定名称的建议。

(4)想一想,没有访问商品数据表权限的收银员还能访问视图定义之外的商品数据吗? 从数据安全管理的角度,你能说出使用视图的优点吗?

(5)查看图 5-30,你认为将经常要进行的多表查询定义成视图后,会为数据管理工作带来哪些益处?

二、使用视图

定义的视图是一个虚表,它可以像数据表那样执行查询和有限制的数据插入、更新和删除操作。图 5-31 和图 5-32 所示为对视图的操作,请参考并上机实践,然后完成后面的内容。

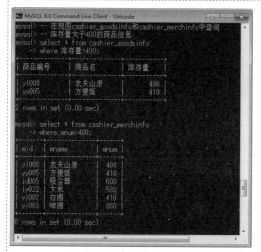

图 5-31　使用视图(1)　　　　　　　　　图 5-32　使用视图(2)

(1)经过实践,你认为通过视图执行查询和在数据表上查询有什么区别?

(2)在图 5-32 中,对视图进行更新操作。在视图 cashier_merchinfo 上操作时发生了异常 ERROR 1288 (HY000),你认为更新操作成功了吗? 对下一个视图 cashier_goodsinfo 的更新操作能成功吗? 请验证,然后对比分析更新操作有哪些限制因素?

(3)试一试,在视图上执行数据插入、删除操作,看一看,能否成功? 分析并讨论关于插入操作的限制。

三、管理视图

视图是一种数据库对象,其相关信息保存在 information_schema.views 系统数据表中。通过查看视图可以获得它的状态信息和创建信息,当其关联的数据表结构发生变化时,则需要修改视图以保持其与基表一致,对不再使用的视图应及时清理。请参考图 5-33—图 5-36 所示的视图管理的相关操作,完成后面的内容。

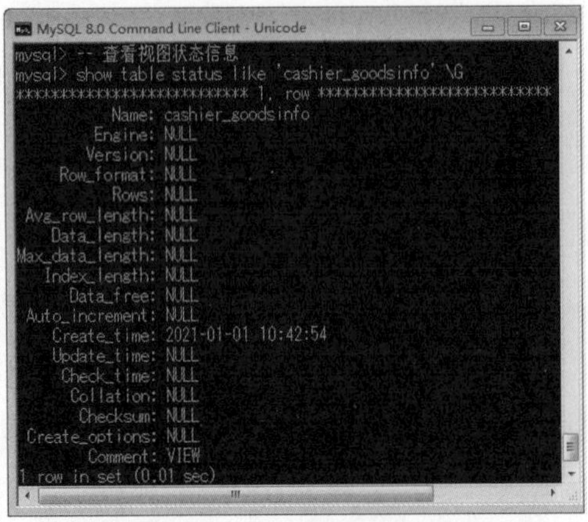

图 5-33　查看视图（1） 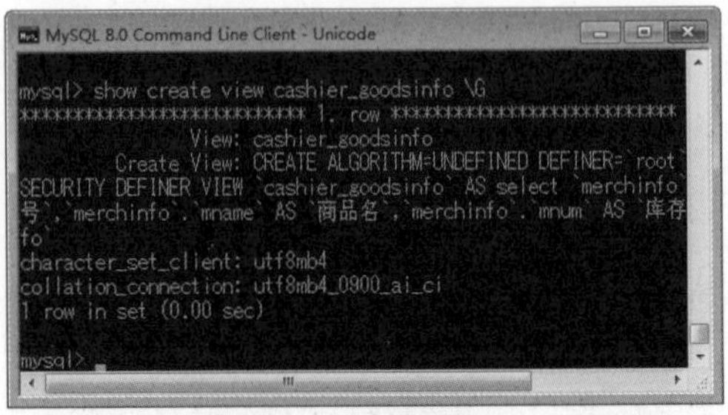　　　　　　　　　　图 5-34　查看视图（2）

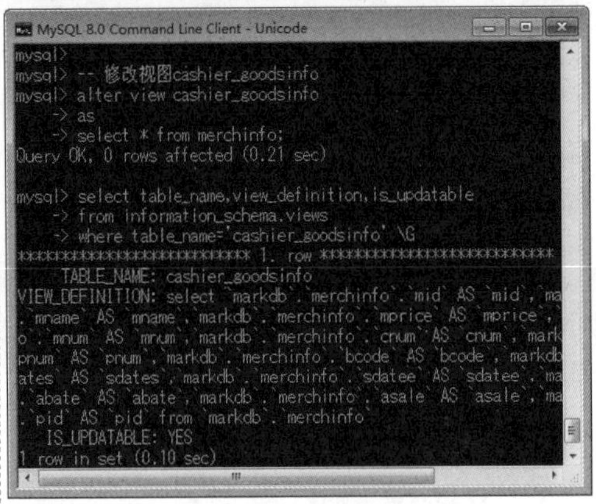

图 5-35　修改视图　　　　　　　　　　图 5-36　查看数据库的视图

（1）请按上面 4 个图所示内容上机实践，你能找到几种显示视图相关信息的方法？它们各自输出哪些信息？试描述这些方法的具体用法。

（2）图 5-33 中使用的命令 show table status 从字面上看应该是显示数据表的状态信息。试一试，用它显示商品信息表 merchinfo 并与 cashier_merchinfo 的状态信息进行比较，你能从中找到哪些信息可以表示所显示的为视图吗？

（3）MySQL 中的所有视图都存储在什么数据表中？查一查，这个数据表的字段 table_name、table_schema、view_definition、is_updatable、security_type 的中文含义。

☆ 我来挑战

（1）创建视图 disp_shoping，显示商品名、进价、供货商名及联系电话。

（2）创建视图 gather_sale，显示 2020 年商品的销量和销售额。

日积月累
SHUJUKU JICHU JI YINGYONG
—MySQL
RIJIYUELEI

1.视图

视图是一种数据库对象，它的内容与数据表相似，但它不像数据表那样实际存储数据，它的数据来自定义视图时引用的数据表，并且是在使用视图时动态生成的，因此，称视图为虚表，原来的数据表则称为基表。

2.创建视图

create view ｛视图名｝

as

select 命令；

3.管理视图

（1）查看视图的结构信息

desc ｛视图名｝

（2）查看视图的状态信息

show table status like '｛视图名｝|｛模式字串｝'；

（3）查看视图的创建信息

show create view ｛视图名｝

（4）从数据表 information_schema.views 中查询视图信息

select * from information_schema.views；

（5）修改视图

create or replace view ｛视图名｝

as

select 命令；

或

alter view ｛视图名｝

as

select 命令；

（6）删除视图

drop view ｛视图名｝；

眼下留神　SHIJUKU JICHU JI YINGYONG
　　　　　　—MySQL
　　　　　　YANXIALIUSHEN

- 视图可比作在数据表上打开的查看数据表的"窗口"，使用视图就是从这个"窗口"去看数据表中的数据。 通过开不同的"窗口"可以让应用程序或用户只能访问与他们工作相关的特定数据，所以视图有助于提高数据的安全性。

- 视图是对查询的封装。 因此，视图可以从一个或多个数据表导出，也可以从已存在的视图导出。 对视图内容的改动(insert、update、delete)直接影响它依赖的基表，但建立和删除视图不影响基表。

- 对视图执行 insert、update、delete 操作是受限的。 只有从单一基表且全字段导出的视图才能完全支持 insert、update、delete 操作。

▶任务评价

一、填空题

1.视图是一个_____表,不实际存储数据。

2.MySQL 中,使用_____语句创建视图。

3.MySQL 中,使用_____语句删除视图。

4.视图能够对数据提供_____作用。

5.select 语句的数据源用 from 来指定,可以是表或_____。

6.在查询中对分组的结果进行过滤,使用_____关键字。

7.通过只授予用户使用视图的权限,而不具体指定使用表的权限,这样可以保护基础数据的_____。

8.通过视图,每个用户不必都定义和存储自己的数据,可以_____数据库中的数据。

二、选择题

1.在视图上不能进行的操作是(　　　)。

　　A.更新视图数据　　　　　　　　　　B.在视图上定义新的基表

　　C.在视图上定义新的视图　　　　　　D.查询

2.在 SQL 语言中,删除一个视图的命令是(　　　)。

　　A.remvoe　　　　　B.clear　　　　　C.delete　　　　　D.drop

3.不可对视图进行的操作命令是(　　　)。

　　A.select　　　　　B.insert　　　　　C.delete　　　　　D.create index

4.创建视图不需要定义的选项是(　　　)。

　　A.数据来源的数据库　　　　　　　　B.数据来源的数据表

C.数据来源的列个数　　　　　　　D.数据来源的视图

5.视图是一种常用的数据对象,可以对数据进行(　　)。

A.查询　　　　　　B.插入　　　　　　C.修改　　　　　　D.以上都是

6.对视图的操作,下列选项中错误的是(　　)。

A.查询　　　　　　B.修改　　　　　　C.增加　　　　　　D.删除

7.考虑到数据的安全性,每个教师只能存取自己教授课程的学生成绩,为此数据库管理员应创建(　　)。

A.视图　　　　　　B.索引　　　　　　C.临时表　　　　　　D.表

三、判断题

1.可以对任何视图进行任意的修改操作。　　　　　　　　　　　　　　　(　　)

2.视图能够简化用户的查询操作。　　　　　　　　　　　　　　　　　(　　)

3.视图的数据与构成与表的数据与构成无关。　　　　　　　　　　　　　(　　)

4.可以在视图上再定义视图。　　　　　　　　　　　　　　　　　　(　　)

5.视图对重构数据库提供了一定程度的独立性。　　　　　　　　　　　　(　　)

6.视图的概念与基本表等同,用户可以如同使用基本表那样使用视图。　　　(　　)

7.视图是用来查看存储在别处的数据的一种设施,其本身并不存储数据。　　(　　)

8.可以使用 alter view 语句对已有视图的定义进行修改。　　　　　　　　(　　)

四、简述题

1.简述数据表与视图的区别与联系。

2.简述视图的作用。

成长领航 | SHUJUKU JICHU JI YINGYONG —MySQL CHENGZHANG LIANGHANG

　　银行系统对数据库系统的查询速度尤为看重。 由我国中兴通讯股份有限公司开发的金融级交易型分布式数据库 GoldeDB,已在中信银行部署完成,全面替换了原来构建在 DB2 上的核心业务系统,运行以来没有发生过任何故障、没有打过任何补丁。 GoldenDB 带来传统单机数据库无法提供的计算及扩展能力,提供高可用、高可靠、资源调度灵活的数据库服务,支持金融行业已有业务升级及创新业务快速部署的需求。

　　作为青年学生,要明白团队协作的重要性,任何科技成果都不是一人之功,都是一个集体共同努力奋斗的结果,要树立坚定的集体意识。

项目六 / 保障数据库安全

"立生超市管理系统"的后台数据库 markdb 存储了超市运营的基础数据和各类营业活动不断产生的数据，这些数据对超市的正常运转至关重要。一旦出现数据不一致或丢失，将严重影响超市的运营并带来直接的经济损失。庄生意识到数据安全的重要意义，认为需要采取必要措施保障数据库的安全。 MySQL 数据库管理系统内建了用户授权访问机制、事务支持、日志记录、数据库备份等功能保障数据库安全。 本项目需要你与庄生一起研究 MySQL 的安全措施并用于保障超市管理系统的后台数据库安全。

完成本项目后，你将能够：

- 创建并使用触发器来阻止非法操作；
- 实施事务来保证数据的一致性；
- 管理用户和分配数据库访问权限；
- 备份和恢复数据库；
- 使用日志恢复数据库。

经过本项目的实践，将有助于你：

- 提升保护数据安全的意识；
- 培养严谨、缜密的工作态度。

本项目对应的职业岗位能力：

- 保障 MySQL 数据库安全的能力。

[任务一]

使用触发器

触发器是 MySQL 数据库对象之一,它是针对一个数据表的特殊存储过程。在数据表上发生插入、更新和删除数据事件时,触发器会自动激活运行来完成额外的操作,主要用于定义业务规则和用户完整性约束规则,以实现更有效的数据完整性保证。在"立生超市管理系统"中需要用触发器来定义数据操作规则。为此,需要你们能够:

- 描述触发器的概念和作用;
- 创建触发器并测试其工作;
- 查看、修改与删除触发器。

微课

触发器的执行
机制

一、创建触发器

当顾客订购商品时,如果订购数量超过该商品的库存量,则不能生成订单记录,也不能更新商品库存数量,还要求给出库存不足的警告信息,这类功能适合用触发器实现。图 6-1 所示为订单表 orderlist 的结构信息,图 6-2 所示为订单表创建触发器的过程,图 6-3 所示为测试触发器的工作过程,请参考后完成后面的内容。

微课

创建触发器

```
MySQL 8.0 Command Line Client
mysql>
mysql>
mysql> desc orderlist;
+-------+---------+------+-----+---------+----------------+
| Field | Type    | Null | Key | Default | Extra          |
+-------+---------+------+-----+---------+----------------+
| oid   | int     | NO   | PRI | NULL    | auto_increment |
| mcid  | char(8) | YES  |     | NULL    |                |
| mid   | char(5) | YES  |     | NULL    |                |
| onum  | int     | YES  |     | NULL    |                |
| odate | date    | YES  |     | NULL    |                |
+-------+---------+------+-----+---------+----------------+
5 rows in set (0.02 sec)
```

图 6-1 orderlist 表结构

图 6-2　创建触发器

图 6-3　测试触发器

（1）按图 6-2 和图 6-3 所示上机实践，体验触发器的创建和测试。谈谈你的体会，如创建触发器的方法、触发器的组成、测试方法等。

（2）请归纳触发器的组成结构，试写出触发器程序结构的一般格式。

（3）请思考并讨论，一个数据表上最多可以创建多少个触发器？

（4）触发器的执行与存储过程有什么不一样的地方？触发器在什么时候被激活并运行？触发器有什么作用？

（5）在触发器程序中出现了一个关键字 new，你知道它代表什么吗？与它对应的关键字 old 又代表什么？请再次阅读上例的程序代码和测试时使用的插入语句后讨论这些问题。

（6）请讨论触发器在数据操作中所起的作用。

二、管理触发器

MySQL 不允许在同一数据库中有同名的触发器，同一数据表中也不允许有同时间、同事件的触发器存在，因此，在创建新触发器之前应查看当前已有的触发器的名称、时间和事件，避免在创建新触发器时发生不能正常创建的情况。触发器管理工作不包括修改和删除操作。图 6-4 所示为查看当前数据库的触发器，图 6-5 所示为修改触发器的方法，请参考后完成后面的内容。

图 6-4　显示触发器　　　　　图 6-5　使用外部编辑器修改触发器

（1）请参照图 6-4 所示上机实践，然后写出 show trigger 命令报告了触发器的哪些相关信息。

（2）触发器作为数据库对象，在 MySQL 数据库管理系统中被保存在系统数据库 information_schema 的 triggers 数据表中。使用查询命令通过触发器名字段 trigger_name 也可以查看所需触发器的相关信息。试一试，写下你使用的命令。

（3）修改触发器一般借助单独的文本编辑工具完成。请按照图 6-5 所示上机实践，然后归纳修改触发器的工作流程。

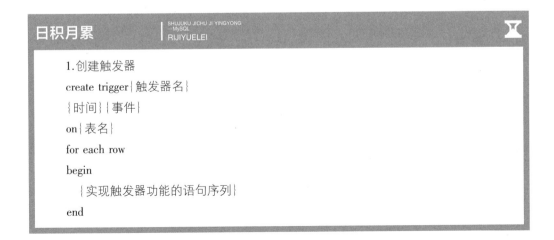

日积月累　　SHUJUKU JICHU JI YINGYONG —MySQL RIJIYUELEI

1.创建触发器

create trigger｛触发器名｝

｛时间｝｛事件｝

on｛表名｝

for each row

begin

　｛实现触发器功能的语句序列｝

end

（1）时间

时间用于定义激活触发器的时间，必须与特定的事件配合使用。 包括：

- before：在……事件之前。
- after：在……事件之后。

（2）事件

事件用于定义激活触发器在关联数据表（on 用于指定关联表）上发生的事件，必须与指定的时间配合使用。 包括：

- insert：插入数据操作事件。
- update：更新数据操作事件。
- delete：删除记录操作事件。

2.管理触发器

（1）查看触发器

show triggers ［like ｛模式字串｝］；

或

use information_schema；

select ＊ from triggers where trigger_name＝｛触发器名｝；

（2）删除触发器

drop trigger ｛触发器名｝；

（3）修改触发器

使用文本编辑器完成触发器代码的修改，然后用 source 命令导入。

眼下留神　SHUJUKU JICHU JI YINGYONG —MySQL YANXIALIUSHEN

- 触发器是数据表中出现插入、更新和删除数据事件时，自动激活运行的，不需要手动调用。 使用触发器的目的是在数据更改操作之前或之后执行一些额外的数据操作。
- 触发器激活条件由时间和事件共同决定，共有 6 种时间事件的组合。 同一时间事件只允许定义一个触发器，因此，一个表最多可定义 6 个触发器。
- 在触发器中的语句使用分号"；"作为结束符，与 MySQL 客户端中语句的结束符冲突，需要在创建触发器前使用命令 delimiter 把语句结束符改成别的符号，完成后再改回来。
- 在触发器中使用了 new 和 old 关键字，其中 new 代表新值，old 代表旧值。 insert 事件只可以用 new，delete 事件只能用 old，而 update 事件两个都可以使用。
- signal sqlstate '45000' set message_text＝｛提示信息串｝；语句用于在违背业务规则的情况下向用户发信号，并中断当前运行来避免错误操作。 "45000"是 MySQL 约定的错误状态码，表示"不满足用户自定义规则"。

⁖ 我来挑战

创建一个触发器，在进行入库(库存表 stock)操作时，自动计算该商品的总金额(注意商品是新入库，还是再入库)。

▶任务评价

一、填空题

1._____表示在触发事件发生之前执行触发程序，_____表示在触发事件发生之后执行触发程序。

2._____用来表示将要或已经被修改的新值，_____用来表示将要或已经被修改的旧值。

3.可以使用_____语句将触发器从数据库中删除。

4.使用文本编辑器完成触发器代码的修改,然后用_____命令导入。

5.创建触发器前使用命令_____可以把语句结束符改成别的符号。

二、选择题

1.触发器的触发事件不包含(   )。

    A.insert   B.update   C.select   D.delete

2.同一时间事件只允许定义(   )个触发器。

    A.1   B.2   C.3   D.6

3.使用(   )语句创建触发器。

    A.create trigger   B.drop trigger   C.show triggers   D.desc triggers

4.使用(   )语句查看触发器。

    A.create trigger   B.drop trigger   C.show triggers   D.delete trigger

5.在 MySQL 中,下列关于触发机器的描述正确的是(   )。

    A.MySQL 的触发器只支持行级触发,不支持语句级触发

    B.触发器可以调用将数据返回客户端的存储程序

    C.在 MySQL 中,使用 new 和 old 引用触发器中发生的记录内容

    D.在触发器中可以使用显式或者隐式方式开始或结束事务的语句

三、判断题

1.触发器的执行是被动的。 （　　）

2.能在临时表上创建触发器。 （　　）

3.同一个表不能拥有两个具有相同触发时刻的触发器。 （　　）

4.可以使用 delete 语句删除触发器。 （　　）

5.触发器不光支持行级触发，还支持语句级触发。 （　　）

6.insert 事件可以使用 new 和 old 关键字。 （　　）

四、根据要求写命令

1.创建一个商品信息表（merchInfo）的更新触发器，当更新商品信息表中某一条记录的价格后，分别查询更新前后的商品价格。

2. 创建一个交易表（dealing）的删除触发器，当向交易表中删除一条记录时，对应的销售表中的销售数量对应减少。

3.查看前面两题创建的更新触发器和删除触发器的相关信息。

[任务二]

NO.2

使用事务

在"立生超市管理系统"的运行过程中，经常会有多个用户同时对数据表的数据发起更改操作，这将引发数据不一致的问题。为了保证数据记录从一个一致状态转变到另一个一致状态，MySQL 提供了事务支持来实现。在本任务中，你将和庄生一起使用事务来保证数据的一致性。为此，需要你们能够：

- 描述事务的概念和作用；
- 使用事务来保证数据的一致性；
- 使用锁来控制多用户对表的访问。

一、执行事务保证数据的一致性

当一个完整的数据处理需要一组 SQL 语句来完成，必须保证这组语句完全正确执行，这样才能让更新的数据从之前的一致状态转变到另一个一致状态。如果有语句不能正确执行，则要全部撤销已执行的操作，让数据回到处理前的状态。图 6-6 和图 6-7 所示为两个会员之间转让消费总额的两种数据处理方式，请对比分析后完成后面的内容。

微课

事务的工作过程

图 6-6　未用事务

图 6-7　启用事务

（1）分析图 6-6 所示的把会员李双的消费总额转让 2 000 元给李云的数据操作，你认为这笔数据处理结束后，数据是否保持了一致状态？为什么？

（2）图 6-7 所示的方法与图 6-6 所示的方法有何不同？这种数据处理方法能保证数据的一致性吗？

（3）试一试，把图 6-7 中第 2 个更新操作的 where 子句中的"李去"改为数据表中存在的"李云"执行，此时，查询他们俩的消费总额情况并记录下来；再运行 MySQL 新建一个客户连接会话，在新会话中查询他们俩的消费总额情况也记录下来，然后对比两次查询结果，它们相同吗？为什么会这样？

（4）切换到原来的连接，执行 commit 命令后，查询他们的消费总额情况并记录；再次在新会话中查询他们的消费总额情况并记录，这次两者的对比结果是怎样的？为什么会这样？

（5）你知道怎样把一组数据管理的 SQL 命令作为一个整体来处理吗？请写出实现的方法。作为一个整体的若干命令，它们的执行有何特点？

※ 我来挑战

使用事务特性处理会员订单（orderlist），用订购数量 onum 去更新商品信息表 merchinfo 中的库存量，然后把 orderlist 中的 done 字段置 1。

日积月累

1.事务及其特性

事务是指一组实现数据管理的 SQL 语句，它们要么一起成功执行，要么一起执行失败。事务具有原子性（Atomicity）、一致性（Consistency）、隔离性（Isolation）和持久性（Durability）四大特性，简称 ACID。

- 原子性：事务中的所有 SQL 语句要么全部成功执行，要么全部执行失败，不存在部分 SQL 语句成功执行的情况。
- 一致性：事务成功执行后使数据从之前的一致状态转变到其后的一致状态；事务执行不成功时，则应撤销已执行的 SQL 语句，恢复到事务执行前的状态。
- 隔离性：事务并发操作时，不应让数据处于不一致的状态。每个事务相互隔离，就像只有一个事务在执行一样。
- 持久性：不论发生什么故障，数据都会永久保存在外存上而不会丢失。

2.执行事务

begin；
　{SQL 语句组}
{commit|rollback}；

使用说明：

- begin：启动一个事务。
- SQL 语句组：执行某一数据管理业务的一组 SQL 语句。
- commit：提交事务，即确认 SQL 语句组中所有 SQL 语句的执行结果，数据转换到新的一致状态。
- rollback：回滚事务，即撤销已执行的 SQL 语句对数据产生的影响，恢复到事务执行前的数据状态。

3.事务提交和回滚的实现

（1）REDO 日志

事务执行时所有更新操作行为写入内存中的 REDO 日志缓冲区，并定时写入 REDO 日志文件。执行 commit 命令时，使用日志缓冲区的内容实际更新相关的数据表，同时也把 REDO 缓冲区内容写入 REDO 日志文件中。REDO 日志也称为事务日志，对应的磁盘文件是 ib_logfile0、ib_logfile1 等。

（2）UNDO 日志

在事务开始时，把相关数据表中的内容复制到内存中的 UNDO 缓冲区中，当更新操作失败，执行 rollback 回滚事务，则使用 UNDO 缓冲区中的内容恢复到事务开始前的状态。UNDO 缓冲区的内容定时存储在对应数据表的 ibd 数据文件中。

眼下留神 SHUJUKU JICHU JI YINGYONG —MySQL YANXIALIUSHEN 🔍

- 默认情况下，所有单独的 SQL 语句一旦执行就被立即提交，除非把它置于 begin…commit 定义的事务中。全局变量 autocommit 控制 SQL 语句执行后的提交行为。要禁用自动提交可执行 set autocommit＝off;语句。
- 数据定义语言(DDL)中的 SQL 语句总是默认提交且不能回滚的。
- 在事务的 SQL 语句中可以用命令 savepoint {保存点名}设置事务保存点，如果后续 SQL 语句执行失败需要回滚时，执行 rollback to {保存点名}命令回滚到指定的保存点，而不至于中止事务。
- 在 MySQL 中不是所有的存储引擎都支持事务。InnoDB 和 BDB 支持事务，而 MyISAM、Memory 等则不支持事务。

二、使用锁机制访问数据表

在"立生超市管理系统"的运行过程中，多个用户同时访问同一个数据表，甚至访问同一个数据是常态化操作。如多个收银员和库管员在同时访问某一个商品的库存数，为解决这种并发操作时数据的一致性问题，MySQL 使用锁(locks)特性来隔离事务。请参考图 6-8 和图 6-9 所示的使用锁的工作过程，完成后面的内容。

微课

使用锁机制

图 6-8 事务自动加锁(1)

图 6-9　事务自动加锁(2)

（1）图 6-8 和图 6-9 中圆圈中的数字是两个事务中 SQL 语句执行的次序。MySQL 通过全局变量 transaction_isolation 来控制事务间的隔离级别,请查看当前的事务隔离级别,然后说明在事务 2 中③的查询结果为什么不是事务 1 中②更新后的数据？

（2）请通过互联网搜索或查阅 MySQL 官方文档,找一找,MySQL 的事务隔离有哪几种级别？各自在读取数据时有何特点？

（3）在图 6-9 中,④标志更新成功,而⑤标志更新失败,你能分析其中的原因吗？

（4）在图 6-9 中,⑦标志的操作与⑤标志的操作完全相同,为什么⑦标志的操作能成功？说说你的看法。

（5）试一试，在事务 1 中②的更新操作中，不使用商品编号 mid（主键）而使用商品名 mname='方便面'来选择相同的行，那么在事务 2 中④和⑤操作会成功吗？把实验结果与之前的结果对比，你能得到什么结论？

（6）试一试，在商品信息表 merchinfo 的库存量 mnum 上建立普通索引，在事务 1 中执行 select mname,mnum from merchinfo where mnum<100 for update; 语句，然后在事务 2 中测试能否更改库存量为 90、100、200、210、400 的记录数据。从测试结果，你可以获得什么结论？

（7）从上面两个事务并发操作的结果来看，你认为锁有什么作用？

（8）你知道 MySQL 是在执行什么命令时加锁与释放锁的吗？

MySQL 除了在事务操作中根据操作要求自动加锁外，也为用户提供自主控制的锁功能，请参考图 6-10 和图 6-11 所示的操作，完成后面的内容。

图 6-10　使用自定义锁　　　　　　图 6-11　等待释放锁

（1）图6-10所示的会话1中使用 lock tables merchinfo read;语句后,在图6-11所示的会话2中可以对 merchinfo 执行查询,可以执行更改操作吗? 试一试。在会话2中是否也可以执行 lock tables merchinfo read;来锁定表,描述你的实验结果,并说明为什么。

（2）在会话1中执行 unlock tables 释放锁,然后执行 lock tables merchinfo write;语句锁定数据表 merchinfo。试一试,在会话2中对数据表 merchinfo 执行查询和更改操作,记录出现的情况并分析相关的原因。

微课

事务隔离级别

日积月累

SHUJUKU JICHU JI YINGYONG —MySQL
RIJIYUELEI

1.MySQL 事务隔离级别

当多个事务并发操作同一数据表或同一数据时,通过隔离措施来管控一个事务如何读取另一个事务修改的数据,确保事务能访问一致状态的数据。

（1）MySQL 事务隔离级别的特性

MySQL 定义了4种级别的隔离措施,它们的特性见表6-1。

表 6-1　事务隔离级别及特性

隔离级别	脏读	幻读	不可重复读
读未提交（read-uncommotted）	是	是	是
读已提交（read-committed）	否	是	是
可重复读（repeatable-read）	否	否	否
串行化（serializable）	否	否	否

- 脏读（Dirty Read）: 一个事务读取另一个事务更改了但未提交的数据。
- 幻读（Phantom Read）: 一个事务前后以同样的查询路径得到的记录数不同,在两次读的过程中,另外的事务删除或插入了记录。
- 不可重复读（Non-repeatable Read）: 一个事务前后以同样的查询路径得到的同一条记录的数据不同。

（2）设置事务间的隔离级别

MySQL 通过全局或用户变量 transaction_isolation 来设置事务隔离级别。

set @ @ transaction_isolation='｛隔离级别名｝;

隔离级别名:

- read-uncommitted: 读未提交,可读取别的事务修改而未提交的数据。
- read-committed: 读已提交,只能读取别的事务修改且提交后的数据。
- repeatable-read: 可重复读,事务第一次读取时,建立读取快照（snapshot,读取数据的副本）,以后的读取操作在快照上执行,保证在整个事务过程中读取的是相同的数据。 由本事务自己更改的数据除外。 此为默认隔离等级。
- serializable: 串行化,要求各事务排队串行执行,没有并发操作,是最高级别的事务隔离等级。

2.MySQL 的锁特性

为确保并发事务在存取同一数据库对象时数据的一致性,解决脏读、幻读和不可重复读的问题,MySQL 引入了锁机制。锁是实现多个事务并发操纵同一数据库对象而不会出现数据不一致现象的资源访问控制手段。通过加锁可以同步多个并发事务对同一数据库对象的正确访问,是实现事务并发控制的重要技术。

(1)MySQL 锁的类型

MySQL 锁根据不同的分类标准分成不同的类型,见表 6-2。

表 6-2　MySQL 锁的类型及特性

类别	锁类型	说明
基本型	共享锁(Share Locks, S 锁)又称读锁	支持并发读,但不能写
	排它锁(eXclusive Locks, X 锁)又称写锁	仅加锁事务能读写
加锁方式	内部锁	事务内自动加锁
	外部锁	会话用户显示加锁
粒度大小	行级锁	锁定一个或多个记录
	表级锁	锁定整个表

(2)执行加锁

加内部锁,在事务开始后执行 DML 语句 MySQL 自动加锁。

共享锁:select... for share | lock in share mode

排它锁:update、insert、delete、select... for update

加外部锁,由用户在会话过程显示加锁。

共享锁:lock table {数据表名} read

　　　　flush tables with read lock--锁数据库所有数据表

排它锁:lock table {数据表名} write

(3)释放锁

内部锁:commit|rollback

外部锁:unlock tables

眼下留神

- 锁粒度是指加锁时锁定数据对象的范围大小,分为表级锁和行级锁两种基本类型。表级锁的锁粒度大于行级锁,加锁效率高,但冲突几率大,并发性能差。
- InnoDB 同时支持表级锁和行级锁,MyISAM、Memory 仅支持表级锁。在同一事务中不要使用不同存储引擎的表,commit 和 rollback 只对事务类型的表进行提交和回滚。
- InnoDB 的行锁是基于索引实现的。基于主键或唯一索引的行锁称为记录锁,可锁定指定的记录行;基于普通索引的行锁,可锁定临近的若干记录,称为间隙锁或临键锁;如果加锁操作没有使用索引,那么该锁就会退化为表锁。
- 在同一数据库对象上加共享锁后,其他事务可读取数据和加共享锁,但不能更改数据和加排它锁;反之,如果加的是排它锁,其他事务不可读取数据,不能加任何锁。

- 当多个事务并发操作时，只有共享锁可以同时存在，此外不能有两个锁加在同一个数据库对象上。如果有事务需加排它锁，它将进入锁队列，直到前面的锁被释放。如果锁队列中有排它锁，则后续的共享锁也只能在锁队列中等待，事务操作被阻塞。执行 show processslist;可查看事务状态。
- 事务相互等待对方释放锁的现象称为死锁。InnoDB 存储引擎通过设置等待超时（默认为 set @ @ innodb_lock_wait_timeout＝50;）来解决死锁问题。即当一个事务的等待超过该值时，执行回滚操作，让另一个事务继续执行。

▶任务评价

一、填空题

1._____是指一组操作数据的 SQL 语句,它们要么都成功执行,要么都执行失败。

2.事务的 ACID 特性分别是_____、一致性、隔离性和_____。

3.在 MySQL 中,使用_____开始事务。

4.通过使用_____和_____语句可以提交、回滚事务。

5.Innodb 存储引擎提供了两种事务日志:_____和_____。

6.可重复读可以避免脏读、_____,但不能避免_____。

7.锁类型分为_____和排它锁。

8._____锁设置锁定用户的其他操作方式,如删除、插入、更新都不被允许。

二、选择题

1.事务的原子性是指( )。

　　A.事务中包括的所有操作要么都做,要么都不做

　　B.事务一旦提交,对数据库的改变是永久的

　　C.一个事物内部的操作及使用的数据对并发的其他事物是隔离的

　　D.事务必须是使数据库从一个一致性状态改变到另一个一致性状态

2.事务的持久性是指( )。

　　A.事务中包括的所有操作要么都做,要么都不做

　　B.事务一旦提交,对数据库的改变是永久的

　　C.一个事务内部的操作及使用的数据对并发的其他事务是隔离的

　　D.事务必须是使数据库从一个一致性状态改变到另一个一致性状态

3.(　　)是实现原子性的关键,是当事务回滚时能够撤销所有已经成功执行的

SQL 语句。

　　A.二进制日志　　　　B.错误日志　　　　　C.回滚日志　　　　　D.重做日志

4.并发操作可能带来的数据不一致性有(　　)。

　　A.丢失修改、不可重复读、读脏数据

　　B.丢失修改、死锁、故障

　　C.丢失修改、不可重复读、冗余

　　D.故障、死锁、冗余

5.在数据库事务的 4 种隔离级别中,不能避免脏读的是(　　)。

　　A.serializable　　　　　　　　　B.repeatable read

　　C.read committed　　　　　　　　D.read uncommitted

6.下列说法正确的是(　　)。

　　A.某事务执行了 rollback 语句,表示事务正确地执行完毕

　　B.某事务执行了 rollback 语句,可将其对数据库的更新写入数据库

　　C.某事务执行了 rollback 语句,可将其对数据库的更新撤销

　　D.某事务执行了 commit 语句,其影响可用 rollback 语句来撤销(保存后不可撤销)

7.事务的最高隔离级别是(　　)。

　　A. serializable　　　B. repeatable read　　　C. read committed　　　D. read uncommitted

8.为了防止一个事务的执行影响其他事务,应该采取(　　)。

　　A.索引机制　　　　B.故障恢复　　　　　C.并发控制　　　　　　D.完整性约束

三、判断题

1.如果某一事务成功,则在该事务中进行的所有数据修改均会提交,成为数据库中

的永久组成部分。　　　　　　　　　　　　　　　　　　　　　　　　　(　　)

2.事务可以分割单独执行。　　　　　　　　　　　　　　　　　　　　(　　)

3.读提交是事务最低的隔离级别。　　　　　　　　　　　　　　　　　(　　)

4.隔离级别越高越好。　　　　　　　　　　　　　　　　　　　　　　(　　)

5.读写阻塞与事务隔离级别相关。　　　　　　　　　　　　　　　　　(　　)

6.事务日志用于保存对数据的查询操作。　　　　　　　　　　　　　　(　　)

7.start transaction 可以开始一项新的事务。　　　　　　　　　　　　(　　)

四、根据要求写命令

当多个用户并发订购库存量为 1 的商品时,如何通过事务来保证数据的一致性?

[任务三]   NO.3

管理用户与权限

庄生希望在"立生超市管理系统"的运行过程中,员工只拥有与其工作相关的数据库操作权限,避免因为有意或无意的误操作危及数据库的安全。MySQL 有完善的访问控制系统,可为不同用户授予允许的权限。本任务要求你和庄生为员工创建用户系统账户并分配恰当的访问权限。为此,需要你们能够:

- 描述 MySQL 权限和权限表;
- 创建和管理用户账户;
- 实施用户账户的权限管理。

一、认识 MySQL 权限和权限表

数据库的权限和数据库的安全是息息相关的,不当的权限设置可能导致各种各样的安全隐患。在安装 MySQL 时会自动生成一个名为 MySQL 的数据库,该数据库下存放的是各种权限数据表,MySQL 通过权限表来控制用户对数据库的访问。请参考图6-12和图 6-13 所示的查询用户 customer MySQL 权限的操作,完成后面的内容。

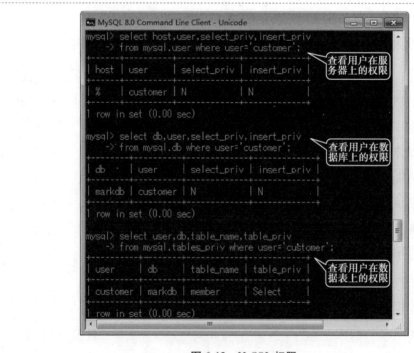

图 6-12　MySQL 权限

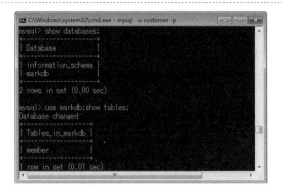

图 6-13 测试非 root 账号的权限

（1）请分析图 6-12 的查询结果，你认为用户 customer 在 MySQL 数据库中拥有哪些权限？

（2）在图 6-13 中，为什么用户 customer 只能看到数据库 markdb 中的 member 数据表？根据上面对用户 customer 操作权限的分析，你认为他对 member 数据表能执行什么操作？他能操作 markdb 数据库中的其他数据表吗？

（3）以管理员身份登录 MySQL 服务器，执行 desc mysql.user; 语句，查看它的字段信息，试说明 host、user 字段和类似 select_priv、insert_priv、update_priv 等后缀带有 _priv 的字段，以及 authentication_string、account_locked 字段代表的操作权限。

（4）你能描述系统数据库 MySQL 中的数据表 user、db、tables_priv、procs_priv 分别保存的是哪类权限吗？

1.MySQL 的权限数据表

MySQL 是一个多用户网络数据库管理系统，支持多用户从网络或本地访问管理的数据库。它拥有强大的访问控制系统，为不同用户授予允许的权限，用户只能进行权限许可的数据库操作，这在一定程度上保障了 MySQL 数据库的安全。用户权限保存在系统数据库 MySQL 的若干权限数据表中。常用的权限数据表见表 6-3。

表 6-3　常用的权限数据表

权限表	说明
user	定义用户在 MySQL 服务器上的权限
db	定义用户在数据库上的权限
tables_priv	定义用户在数据表上的权限
column_priv	定义用户在数据表的数据列上的权限
procs_priv	定义用户在存储过程和存储函数上的权限

2.MySQL 的权限

MySQL 的权限定义了执行 DDL、DQL、DML、DCL 相关语句的权力。常用的 MySQL 权限见表 6-4。

表 6-4　MySQL 常用权限

权限名	权限表对应字段	说明
create	create_priv	创建数据库、数据表、索引
alter	alter_priv	修改数据表
drop	drop_priv	删除数据库、数据表
select	select_priv	查询数据表
insert	insert_priv	插入数据
update	update_priv	更新数据
delete	delete_priv	删除数据
index	index_priv	创建索引
create view	create_view_priv	创建视图
create routine	create_routine_priv	创建存储过程与存储函数
execute	execute_priv	执行存储过程与存储函数
lock tables	lock_tables_priv	锁定数据表
create user	create_user_priv	创建用户
grant option	grant_priv	授权用户 MySQL 权限
trigger	trigger_priv	创建触发器
file	file_priv	访问 MySQL 系统外文件

要了解更多 MySQL 权限，请执行 desc 命令查看各权限表或查阅 MySQL 官方文档。

眼下留神 SHUJUKU JICHU JI YINGYONG —MySQL YANXIALIUSHEN

- 权限表中的权限可分为服务器、数据库、数据表、数据表列、存储过程 5 个对象级别，低级对象自动继承高级对象已许可的权限。
- 权限表中的 host 列是允许用户登录 MySQL 服务器的主机名或地址，user 列是用户账号名，authentication_string 列是加密后的账号登录密码，账号是否可用由 account_locked 列决定。
- 为了 MySQL 数据库服务器安全，除 root 账号外，建议不授予其他用户访问权限表的权限。

二、创建和管理用户

在对立生超市数据库的日常管理和操作中，为了避免有人恶意使用 root 用户控制数据库，庄生决定创建一些具有适当权限的用户，尽可能不用或少用 root 用户登录系统，以此来确保数据的安全访问。请参考图 6-14 所示的用户创建与管理操作，完成后面的内容。

微课

创建用户

图 6-14　创建新用户

（1）参考图 6-14 上机操作完成用户的创建及为其设置密码，删除其他用户。这一系列操作创建了几个用户？使用了什么命令？请归纳创建用户命令的使用方法。

（2）你知道如何为用户设置登录密码吗？请为 guest 账号设置密码 one007，写出要执行的语句。

（3）写出删除用户命令的使用方法。

（4）只有 root 用户才能创建、删除用户和修改用户密码吗？谈谈你的看法。

（5）MySQL 所有用户数据存储在 mysql.user 数据表中，你认为是否可以用操作数据表的 insert、delete、update 命令来创建、删除用户和修改用户密码？特别注意 mysql.user 中存储的是用户密码加密后的密文，你需要根据验证方法选择不同的方法来生成密码的密文。

（6）通过查询 mysql.user，你发现新创建的用户拥有哪些权限？试一试，另外启动一个 MySQL 客户端用上面新建的用户登录，测试其在 MySQL 服务器中可以执行哪些操作？

日积月累

SHUJUKU JICHU JI YINGYONG —MySQL
RIJIYUELEI

1. 创建用户

create user ｛用户名｝ ［ identified by ｛密码字符串｝ |

identified with ｛验证插件名｝ by ｛密码字符串｝］；

用法说明：

- 用户名也称为账号名，完整格式为：｛用户名｝@［｛主机名｝］。
- 密码字符串是账号登录系统时的密码明文字符串。
- 验证插件用于指定验证用户的安全功能模块，目前有以下 3 个选择：

mysql_native_password：执行本地身份验证，使用 md5 加密密码。

sha256_password：实现 SHA-256 身份验证，使用 sha2 加密密码。

caching_sha2_password：实现 SHA-256 身份验证，但在服务器缓存验证数据，可提高重新连接用户的身份验证速度。

2.设置用户登录密码

set password for ｛用户名｝ = ｛密码字符串｝；

alter user ｛用户名｝ identified by ｛密码字符串｝

3.删除用户

drop user ｛用户名列表｝

∷ 我来挑战

采用直接操作 mysql.user 权限表的方式完成：
- 创建用户 boss，可以登录任何服务器，登录密码为 bos000asd。
- 授权用户 boss 对 markdb 有创建表、查询、数据操作、创建视图和存储过程的权限。
- 删除 guest 用户。

三、管理用户权限

正确地为 MySQL 数据库的用户设置恰当的权限，对 MySQL 数据库的安全运行至关重要。为员工创建好用户账号后，需要为用户授予其工作需要的权限。图 6-15 所示为为用户授权的操作，图 6-16 所示为查看用户权限的操作，请参考后完成后面的内容。

微课

管理用户权限

图 6-15　授予用户权限

图 6-16　查看用户权限

（1）按图 6-15 所示的方法上机操作为用户授权，然后用已授权的用户登录 MySQL 服务器，测试其操作权限。描述为用户授权以及撤销用户权限的方法，把命令的一般形式写出来。

（2）请思考，在命令中出现的 all、update（mnum）、*.*、markdb.* 是什么意思？

（3）在图 6-16 中显示授权的信息中有 grant usage on *.* to cashier;，授权时并没有执行这一语句，想一想，它有何作用？

（4）在权限表中找一找，用户 markdba、cashier 的权限分别存储在哪些数据表中？

日积月累

SHUJUKU JICHU JI YINGYONG
—MySQL
RIJIYUELEI

1.用户授权

grant ｛权限列表｝ on ｛对象｝ to ｛用户名列表｝；

用法说明：

- 权限列表，指定要授予的权限，格式为：｛权限名｝［（字段名列表）］［，...］如 create，select，update、select（mname，mnum），execute 等。
- 对象，用于声明权限作用的对象，可以是服务器、数据库、数据表、存储过程等。

.：代表 MySQL 服务器中的所有数据库，相当于整个 MySQL 服务器。

markdb.*：代表 markdb 数据库中的所有数据库对象。

markdb.dealing：代表 markdb 数据库中的数据表 dealing。

用户名列表：代表被授权的一个或多个用户的名称。

2.撤销用户权限

revoke ｛权限列表｝ on ｛对象｝ from ｛用户名列表｝；

3.查看用户授权

show grant for ｛用户名｝；

眼下留神

SHUJUKU JICHU JI YINGYONG
—MySQL
YANXIALIUSHEN

- 用户名省略主机时，默认为本地主机 localhost。当主机名中使用通配符时，必须加字符串定界符。建议用户名和主机名都加上字符串定界符。
- MySQL 8 默认的用户验证是 caching_sha2_password，使用函数 sha2 加密密码，生成 256 位的密文存储在 mysql.user 权限表的 authentication_string 字段中。
- 默认情况下用户密码永不过期，为提高用户安全，可以设置密码的可用天数，执行 alter user｛用户名｝password expire interval｛天数｝day;语句或直接修改 mysql.user 表的 password_lifetime 的值即可。

▶任务评价

一、填空题

1.use 表里的所有权限都是_____层级的,适用于所有数据库。

2.数据库中存放的都是关于权限的表,其中重要的表有_____、_____、tables_priv 表、columns_priv 表、procs_priv 表等。

3.tables_priv 表用来对_____进行权限设置,columns_priv 表用来对_____进行权限设置。

4.如 user_name '@' host_name,其中的 user_name 是_____,host_name 为_____。

5._____:表示被授权的用户可以将这些权限赋予给别的用户。

6.使用 drop user 语句必须拥有 mysql 数据库的_____权限或全局 create user 权限。

二、选择题

1.下列表示可以将自己的权限再授予其他用户的是(　　　)。

　A.grant_priv　　　　B.shutdown_priv　　　　C.super_priv　　　　D.execute_priv

2.(　　　)表用于对存储过程和存储函数进行权限设置。

　A.user　　　　　　B.db　　　　　　　　C.tables_priv　　　　D.procs_priv

3.(　　　)表是 MySQL 中最重要的一个权限表,用来记录允许连接到服务器的账号信息。

　A.user　　　　　　B.db　　　　　　　　C.tables_priv　　　　D.procs_priv

4.对用户授权是通过( )语句来实现的。

    A.create user   B.grant   C.revoke   D.delete

5.( )表示授权用户拥有所有权限。

    A.select   B.all privileges   C.update   D.references

6.在 MySQL 中,可以使用( )语句删除某个用户的某些权限。

    A.drop   B.grant   C.revoke   D.delete

三、判断题

1.user 表中的字段大致分为 4 类,分别是用户列、权限列、安全列、资源控制列。

                                                 ( )

2.高级管理权限主要对数据库进行管理,如关闭服务的权限、超级权限和加载用户的权限等。   ( )

3.max_updates_per_hour［count］:表示设置每个小时可以允许执行 count 次查询。

                                                 ( )

4.删除用户会影响他们之前所创建的数据表、索引或其他数据库对象。   ( )

5.删除某个用户的某些权限,此用户不会被删除。   ( )

6.每次授权只能授权一个类型。   ( )

四、编写程序

1.创建用户 emp2,权限为可以在所有数据库上执行所有权限,只能从本地连接。

2.撤销用户 emp2 的所有权限并删除账号。

[任务四]

备份数据库

    意外停电、硬件故障、管理员的误操作等不确定因素可能造成数据的损毁,对于这类问题引发的安全问题,最好的应对措施是定期对数据库进行备份。当出现数据丢失或错误时,就可以使用备份来进行数据恢复。有时还需要把数据库中的数据导出与其他软件共享,或把其他软件生成的数据导入到数据库。在本任务中,你将与庄生一起为"立生超市管理系统"的数据库建立备份,并在发生数据损坏和丢失时恢复数据库。为此,需要你们能够:

- 建立数据库备份；
- 使用备份恢复数据；
- 从数据库导出数据；
- 把数据导入数据库。

一、数据库备份与恢复

数据库完全可能因为人为的、自然的、环境的因素造成其中的数据损坏，通过有计划的备份工作，可有效降低数据受损的影响。MySQL 提供了很多免费的客户端实用程序，保存在 MySQL 安装目录的 bin 子目录下，其中 mysqldump 是很有用的数据库备份工具。请参考图 6-17—图 6-19 所示的内容，完成后面的内容。

微课

数据的备份与恢复

图 6-17 备份数据

图 6-18 查看备份文件

图 6-19　恢复数据

（1）按照图 6-17 和图 6-19 所示步骤上机操作，体验备份、恢复数据库的操作，在备份成功后，把 markdb 数据库中的数据表全部删除，模拟数据库被损坏。通过实验，你发现备份的对象可以是哪些？如何指定备份的对象？请写出备份和恢复数据的操作命令。

（2）请用记事本打开备份文件 user.sql，或参考图 6-18，你发现备份文件中的主要内容是什么？在使用备份文件恢复数据时实际执行的是哪些操作？

（3）如果备份时选择备份的是数据表，用它在一个没有对应数据库的 MySQL 服务器（或把当前服务器上的对应数据库删除）上执行恢复操作。试一试，你能成功执行恢复操作吗？如果遇到了问题，说说你是怎样解决的？

∷ 我来挑战

写出下列操作的命令并上机验证。

（1）备份 markdb 数据库。

（2）备份 markdb 数据库中的 merchinfo、member、user 和 dealing 数据表。

（3）恢复 markdb 数据库。

二、导入、导出数据

在立生超市的管理中,庄生编制经营计划、报表、总结时,需要在文字处理软件和电子表格软件中使用数据库的数据。MySQL 提供了数据导入、导出功能,实现数据库与其他软件之间的数据共享。参考图 6-20 和图 6-21 从数据库导出数据,并把其他软件生成的数据导入到数据库中,完成后面的内容。

图 6-20　导出数据表

图 6-21　录入数据

（1）按图 6-20 所示的方法上机操作，你需要把 MySQL 设定的安全文件存储路径（secure_file_priv）改成你所使用系统的实际配置，使用命令 show variables like ' secure_file_priv '; 查看。在操作时有没有遇到问题？如果有，你是怎样解决的？写出导出数据命令的基本用法。

（2）用文本编辑器打开生成的数据文件，对比导出的数据文件中的数据行的格式。据此，你能否说出子句 fields 和 lines 的作用？

（3）按照图 6-21 所示，体验数据的导入操作。你认为导入操作与导出操作之间是否需要配合？试一试，如果需要配合，则应在哪些方面保持一致？试写出图 6-21 中导入的数据文件 member.txt 对应的导出命令。

∷ 我来挑战

从数据表 member 导入数据到文件 memcsv.txt 中，要求字段之间用逗号分隔，字符型数据用双引号包围，记录末尾用回车换行符结束。写出命令并上机验证，然后查看生成的数据文件中数据的格式。

日积月累　SHUJUKU JICHU JI YINGYONG —MySQL RIJIYUELEI

1.备份与恢复数据

（1）备份数据

mysqldump-u ｛用户名｝-p ｛数据库名｝　［｛数据表列表｝］　＞　｛文件名｝.sql

用法说明：

- 用户名是具有备份权限的 MySQL 系统账号名。
- 数据库名指定要备份的数据库。
- 数据表列表指定要备份的数据表。如果不指定，则备份整个数据库。
- 符号 "＞" 表示定向将数据输出到其后的文件中。

（2）恢复数据

MySQL -u ｛用户名｝ -p ［数据库名］ ＜ ｛文件名｝.sql

2.导入导出数据

（1）导出数据

select... into outfile ｛文件名｝.txt ［选项］

用法说明：

- select...是查询语句。
- 文件名即导出的数据文件名，包含安全文件路径的文件完整名。
- 选项用于设置数据文件中字段的分隔、包围符和行结束符以及记录行的结束符，如下：

  fields

  terminated by '｛字符｝'   --指定字段的分隔符，默认是'\t '

  ［optionally］ enclosed by '｛字符｝'   --指定字段的包围符，默认无

  lines

  terminated by '｛字符｝'   --指定记录行分隔符，默认是'\n '

（2）导入数据

load data infile ｛文件名｝.txt into table ｛数据表名｝ ［选项］

用法说明：

- 文件名和选项与数据导出命令中的要求相同。
- 数据表名指定接收导入数据的数据表。

眼下留神

SHUJUKU JICHU JI YINGYONG
—MySQL
YANXIALIUSHEN

- 通过 mysqldump 工具生成的备份文件，其实是一个重新生成数据库和数据表的 SQL 语言程序文件，扩展名必须为 sql。当使用 MySQL 客户端程序恢复备份时，其实质是执行备份文件中的 create、insert 等语句。
- 使用 mysqldump 备份时，可选择备份一个完整的数据库，也可以选择备份某些数据表，还可以带上--databases ｛数据库 1 ［数据库 2］［...］｝来同时备份多个数据库。在 MySQL 恢复数据时，如果备份文件中不包括创建数据库的语句时，必须指定数据库。
- select... into outfile 只能把数据导出到全局变量 secure_file_priv 中配置的安全路径下，导出的数据文件是文本文件，建议文件的扩展名为 txt。默认数据文件中字段以制表符分隔，字段无包围字符，数据行以换行结束。
- 建议导出的数据文件采用逗号分隔值(Comma Separate Values)文件格式，简称 CSV 格式。字段以半角逗号分隔，非数值数据以半角双引号包围，数据行以回车换行符 "\r\n" 结束。这样方便与其他软件交换数据。
- load data infile 导入数据时的字段和行的选项设置必须与生成该数据文件时 select... into outfile 中的设置完全一致。

▶任务评价

一、填空题

1._____命令将数据库中的数据备份成一个文本文件,并且将表的结构和表中的_____存储在这个文本文件中。

2.通常情况下,建议备份成后缀名为_____的文件。

3.mysqldump 命令的工作原理是在备份的文本文件中生成一个_____语句和_____语句,然后供恢复数据时使用。

4.通过 mysqldump 命令可以将指定的_____、表或_____导出为 sql 脚本,在需要恢复时可进行数据恢复。

5.通过_____命令和_____命令可以恢复数据。

6.使用_____命令恢复数据需登录到 MySQL 服务中。

二、选择题

1.下列命令中,只备份 markdb 数据库下的 orderlist 表的命令是(　　　　)。

    A.mysqldump -u root -p orderlist > D：\ orderlist.sql

    B.mysqldump -u root -p markdb > D：\ orderlist.sql

    C.mysqldump -u root -p markdb orderlist > D：\ orderlist.sql

    D.mysqldump -u root -p tables orderlist > D：\ orderlist.sql

2.下列命令中,用于备份文件中没有创建数据库的是(　　　　)。

    A.mysqldump -u root -p -- database markdb MySQL> D：\ markdb.sql

    B.mysqldump -u root -p markdb > D：\ markdb.sql

    C.mysqldump -u root -p -all-databases > D：\ markdb.sql

    D.mysqldump -u root -p -- database markdb > D：\ markdb.sql

3.使用(　　　)选项就可以备份所有数据库。

    A.-all-databases　　　　B.- -databases　　　　C.- -all　　　　　　　　D.-d

4.备份文件中开头没有记录(　　　　)。

    A.用户名　　　　　　　B.主机名　　　　　　　C.数据库名　　　　　D.MySQL 的版本

5.使用 source 命令恢复数据,需要先(　　　　)。

    A.使用数据库　　　　B.创建数据库　　　　C.查看数据库　　　　D.修改数据库

6.下列不可以恢复数据的命令是(　　　　)。

    A.mysql-u root -p markdb > D：\ markdb.sql

B.mysql-u root -p < D：\ markdb.sql

C.mysql-u root -p markdb < D：\ markdb.sql

D.soruce D：\ markdb.sql

三、判断题

1.mysqldump 可以只对表结构进行备份。 （ ）

2.备份文件的后缀名只能是 sql。 （ ）

3.备份多个数据库的语法不能备份单个数据库。 （ ）

4.mysql 命令恢复数据可以在 MySQL 的命令行窗口执行。 （ ）

5.使用 mysql 命令恢复数据必须指定数据库。 （ ）

四、编写程序

1.使用 root 用户备份所有数据库。

2.分别使用 mysql 命令和 source 命令恢复所有数据，并谈一谈两者的区别。

[任务五]

使用日志恢复数据

MySQL 使用不同类型的日志文件分类记录在数据库上发生的所有操作以及 MySQL 服务器的运行情况。其中二进制日志文件实时记录了数据库中数据的变动情况，通过二进制日志能最大限度地恢复数据。本任务要求你和庄生使用二进制日志来增强数据安全。为此，需要你们能够：

微课

MySQL日志的作用

- 描述 MySQL 日志的作用；
- 启用和配置二进制日志；
- 使用二进制日志恢复数据库；
- 查看、删除二进制日志。

一、启用二进制日志功能

微课

启用二进制日志功能

二进制日志记录了 MySQL 数据库的变化，包括更改数据库的语句及执行时间，但不含没有修改任何数据的操作。使用二进制日志可以恢复最后一次备份至今的所有更新操作。要使用二进制日志功能，需要启用并进行必要的设置。请参考图 6-22 所示完成 MySQL 服务器二进制日志的启用和设置，并完成后面的内容。

图 6-22　查看二进制日志设置

（1）如图 6-22 所示，你认为当前 MySQL 服务器的二进制日志功能启用了吗？二进制日志对应的日志文件存储路径是什么？二进制日志文件的基本文件名是什么？用资源管理器打开 log_bin_basename 设置中的文件夹，二进制日志文件名的命名规则是怎样的？

（2）用记事本等文本编辑工具打开扩展名为 index 的文件，该文件中存储的是什么内容？

（3）谈一谈，通过什么方法来启动或关闭二进制日志功能以及设置二进制日志文件的存储位置？

（4）你能根据配置项 log_bin_trust_function_creators 的字面意思，猜测出它的作用吗？

二、使用二进制日志恢复数据库

数据库备份后,对数据库的任何更改在没有重新备份之前,不会自动存入前次的备份文件中。在启用了二进制日志的情况下,对数据的任何更改都会实时记录在二进制日志文件中,如果在下次备份之前出现数据损坏,则需要使用二进制日志来恢复未备份的数据。请分析下面所述的"立生超市管理系统"的一次数据丢失事件,参考图6-23—图6-27,完成后面的内容。

庄生在昨天对 user 表做了备份,备份文件 user.sql 存储在 d:\sdata 文件夹中;今天上午向 user 表中添加两名新收银员的账户数据,如图 6-23 所示。在中午的时候,一名管理员误操作把 user 表中的数据全部删除了,现在需要你协助庄生恢复丢失的数据。

图 6-23　user 表数据状态

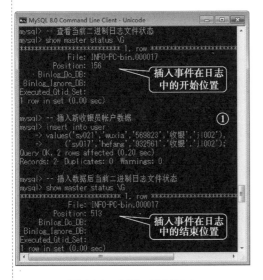

图 6-24　查看二进制日志　　　　　图 6-25　模拟误操作

图 6-26　查询日志中误操作的记录位置

图 6-27　使用二进制日志恢复数据

（1）参考图 6-24—图 6-27，你认为备份文件 user.sql 是否包含最新插入到 user 表中的数据？仅使用备份能否完全恢复丢失的数据？示例采用了什么策略来使数据恢复到丢失那一刻？

（2）怎样查看数据更改操作在二进制日志中记录的位置（Positiono）？从图 6-24和图 6-25 中，你能确定删除操作在二进制日志中记录的开始和结束位置吗？结合图6-26 验证你的分析。

（3）图 6-27 所示的操作是在什么环境中完成了什么工作？记录下使用的命令，并分析命令中各要素的作用。

（4）按照图 6-24—图 6-27 所示流程上机实践，在图中①②④⑤的操作后，查询 user 表中的记录，对比查询记录的结果，从中你有什么发现？你认为④⑤两个操作的顺序能交换吗？试一试。

⁘ 我来挑战

对 member 表做了备份，备份文件为 member.sql，然后向 member 表中添加新会员数据，接着把 member 表删除。请你写出恢复丢失数据的步骤及相关命令，并上机验证。

日积月累
SHUJUKU JICHU JI YINGYONG
—MySQL
RIJIYUELEI

1. 认识 MySQL 日志

日志是用于记录系统运行过程中各重要信息的文件，在系统运行过程中由相关进程创建并采用特定数据格式在其中记录系统的运行状态。日志为管理员定位排除系统故障、优化系统运行提供重要的依据。MySQL 拥有多种类型的日志来分门别类记录数据库的运行情况，如 MySQL 服务器的启停、出错，数据库变动和其他各种用户行为等。MySQL 日志包括：

- 二进制日志：主要记录数据库的变化，如所有的数据库对象的创建、删除，数据的插入、更新等，它以事务方式记录，是实现数据恢复的重要手段之一。日志文件名默认为：{主机名}-bin.{日志序号}，如 INFO-PC-bin.000017。
- 错误日志：记录 MySQL 服务器的启动、停止和运行过程中发生重大错误等信息。日志文件名一般为：{主机名}.err，如 INFO-PC.err。
- 通用查询日志：记录所有用户在 MySQL 服务器上的所有操作，包括启停服务、用户登录、执行查询、数据更新等。日志文件名默认为：{主机名}.log，如 INFO-PC.log。
- 慢查询日志：记录查询时间超过指定时间长度的查询操作，是优化查询效率的重要依据。日志文件名默认为：{主机名}-slow.log，如 INFO-PC-slow.log。

- 事务日志：记录事务执行的所有更新操作和更新前的数据。 事务日志分为 REDO 和 UNDO 两种，记录更新操作的称为 REDO 日志，对应的是一个日志文件组，默认由 ib_logfile0 和 ib_logfile1 两个日志文件组成；记录更改前相关数据表内容的称为 UNDO 日志，直接存储在数据表的 ibd 文件中。

2.使用二进制日志

（1）配置二进制日志

通过编辑配置文件 my.ini 中的相关参数来配置二进制日志。

- log-bin=on|off：on 启用二进制日志，off 关闭二进制日志。
- log-bin-basename={带绝对路径的文件名}：设置二进制日志的基本文件名。
- log-bin-inde={带绝对路径的文件名}：设置二进制日志的清单文件名。
- log_bin_trust_function_creators=on|off：是否允许用户创建更改数据的存储过程和存储函数。
- binlog-format=statement|row|mixed：设置二进制日志的格式，statement 只记录修改数据的语句，会导致数据不一致；row 记录发生变化的数据行，可准确恢复数据，是默认设置；mixed 称为混合模式，系统根据情况自动选择前两者之一记录日志。
- sql-log-bin=on|off：配合 log-bin 管理二进制日志的启停。 在 log_bin=on 时，执行 set sql_log_bin=off 可临时关闭当前会话的二进制日志功能。

（2）查看二进制日志

- show binary logs;：列出二进制日志文件清单。
- show master logs;：列出二进制日志文件清单。
- show master status;：显示当前二进制日志的状态，包括文件名和事件位置。
- show binlog events in '{二进制日志文件名}';：显示二进制日志文件中事件的位置信息。
- mydqlbinlog {二进制日志文件名}：显示二进制日志文件内容。 此命令在命令行窗口下执行。

（3）删除二进制日志

- reset master;：删除所有二进制日志。
- purge master|binary logs to {二进制日志文件名}|before {日期};：删除指定文件名或日期之前的所有二进制日志。

（4）生成新二进制日志文件

flush logs;：生成新的二进制日志文件，新文件序号在当前文件序号基础上增加 1。 MySQL 服务器每次启动后也会生成新的二进制日志文件。

（5）使用二进制日志恢复数据

mysqlbinlog［选项］{二进制日志文件名} | mysql -u{用户名} -p

用法说明：

- 选项:指定恢复的位置或时间，包括：

    --start-datetime={日期时间}：设置恢复的开始时间。

    --stop-datetime={日期时间}：设置恢复的结束时间。

    --start-position={事件位置}：设置恢复的开始事件位置。

    --stop-position={事件位置}：设置恢复的结束事件位置。

- "|"：操作系统中的管道操作符，用于把其前面命令的输出作为其后面命令的输入。

3.二进制日志文件中的事件类型

在数据库上执行的一个更改数据的语句，在二进制日志中将分解为若干操作事件并当成一个事务来处理。二进制日志定义的常见事件见表 6-5。

表 6-5　二进制日志定义的常见事件

事件类型（event_type）	说明
format_desc	事件格式描述，日志文件开始
gtid	分配全局事务 ID 号（GTID）
previous_gtids	记录上一个 binlog 文件结束时执行的 gtid 集合
anonymous_Gtid	未开启 GTID 模式，标志事务为匿名事务
query	记录执行的 SQL 语句
table_map	映射表到一个编号
write_rows	表插入数据记录
update_rows	更新数据
delete_rows	删除数据记录
xid	提交事务

GTID 的全称是 Global Transaction Identifieds，即全局事务标识，是事务在服务器上的唯一编号，主要用于多 MySQL 服务器环境中，从服务器与主服务器之间的数据复制同步。独立 MySQL 服务器不用开启 GTID 模式。

眼下留神 SHUJUKU JICHU JI YINGYONG —MySQL YANXIALIUSHEN

- 二进制日志文件最好不要与数据库文件存储在同一磁盘上，当数据库文件所在磁盘出现故障时，才可用日志文件来恢复数据库。
- 开启二进制日志后，数据库的性能会略有损失，但对关键数据的保护会更全面。在删除二进制日志文件之前，要做好二进制日志历史文件备份，慎用 reset master 命令，它将删除所有二进制日志文件。
- 使用数据库备份可以恢复数据到备份点，结合二进制日志则可以恢复数据到数据崩溃发生的那一时刻。

▶任务评价

一、填空题

1._____会记录 MySQL 服务器的启动、关闭和运行错误等信息。

2.MySQL 所支持的日志文件里,除了_____日志文件外,其他日志文件都是文本文件。

3.在 MySQL 中,日志可以分为_____、_____、查询日志和_____。

4._____定义了日志文件的最大尺寸,默认值是_____。

5.binlog_expire_logs_seconds 定义了日志_____。

6.系统变量 log_bin 的值为_____表示开启了二进制日志。

7.二进制日志将默认存储在数据库的_____目录下。

二、选择题

1.查看当前二进制日志文件状态的命令是(　　　)。

　　A.show variables like ' log_bin ';　　　　　B.show binary logs;

　　C.show master status;　　　　　　　　　　D.show master logs;

2.查看二进制日志是否开启的命令是(　　　)。

　　A.show variables like ' log_bin ';　　　　　B.show binary logs;

　　C.show master status;　　　　　　　　　　D.show master logs;

3.查看二进制日志内容,必须使用(　　　)命令。

　　A.mysqlbinlog　　　　　　　　　　　　　B.mysqldump

　　C.mysqladmin　　　　　　　　　　　　　D.mysqlshow

4.(　　　)命令是暂时停止二进制日志功能。

　　A.set sql_log_bin = 0;　　　　　　　　　　B.set log_bin = 0;

　　C.set sql_log_bin = 1;　　　　　　　　　　D.set log_bin = 1;

5.(　　　)命令是删除所有二进制日志。

　　A.reset master;　　　　　　　　　　　　　B.flush logs;

　　C.remove master;　　　　　　　　　　　　D.delete logs;

6. 使用 mysqlbinlog filename.number | mysql -u root -p 可(　　　)。

　　A.备份数据　　　　　　　　　　　　　　B.恢复数据

　　C.查看数据　　　　　　　　　　　　　　D.删除数据

7.(　　)记录 MySQL 服务器的启动和关闭信息,客户端的连接信息,更新、查询数据记录的 SQL 语句等。

　　A.二进制日志　　　　　　　　B.查询日志

　　C.慢查询日志　　　　　　　　D.错误日志

三、判断题

1.二进制日志记录了数据库的各种操作。　　　　　　　　　　　　　(　　)

2.在 MySQL 数据库中,二进制日志功能默认开启且无法被禁止。　　(　　)

3.刷新 Log 日志和重启 MySQL 服务后,都会生成一个新的日志文件。　(　　)

4.每个二进制日志文件后面有一个 6 位数的编号,如 000001。　　　(　　)

5.删除所有二进制日志后,MySQL 文件中就没有二进制日志。　　　(　　)

四、根据要求写命令

1.查看当前 MySQL 中正在写入的二进制日志文件。

2.查看二进制文件内容,分析每行日志记录的具体含义。

3.删除今天之前创建的二进制日志。

4.使用 set 语句暂时停止二进制日志功能。

成长领航　　SHUJUKU JICHU JI YINGYONG —MySQL CHENGZHANG LIANGHANG

　　数据作为新兴战略资源，保证数据的安全显得尤为重要。 数据库管理系统的安全架构对保护数据安全有至关重要的作用。 天津南大通用数据技术股份有限公司开发的 GBase 8s 数据库是国内第一款采用硬件加密技术并获得国家密码管理局资质认证的安全数据库，为数据安全提供了软硬兼施的强力安全保障。

　　作为青年学生，要树立强烈的数据安全意识，涉及国家重要领域的数据更是事关国家的安全，要严格保护。

附录

[附录 I]

本书数据库用例

一、项目名称

立生超市管理系统。

二、系统功能

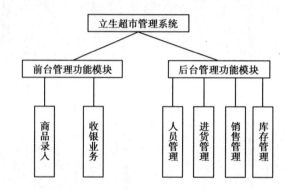

1.前台

商品录入:录入顾客采购的商品信息。

收银业务:会员优惠、打折优惠,自动计算本次交易的总金额,找零,打印交易单据。

2.后台

进货管理:制订进货计划,入库登记,查询计划进货与入库记录。

销售管理:正常销售、促销与限量、限期及禁止销售控制,查询销售明细、商品销售日/月/年报表。

库存管理:查询库存明细,库存状态(过剩、少货、缺货)自动告警,库存盘点计算。

人员管理:顾客、会员、供货商、厂商、员工基本信息登记管理。

三、系统数据流图

1.前台

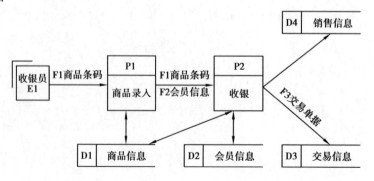

2.后台

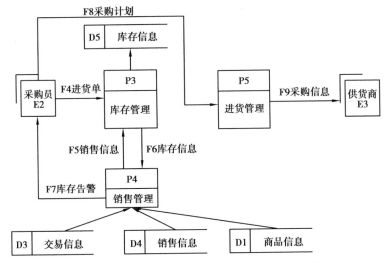

注:此图并没有反映完整业务数据流,如财务、物流、退换货等。

四、E-R 图

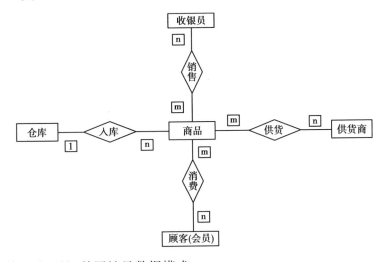

注:实体省略属性,其属性见数据模式。

五、数据模式

• 商品信息表(商品编号,商品名称,商品类别,进价,条形码,促销价格,促销起始日期,促销终止日期,允许打折,库存数量,库存报警数,计划进货数,允许销售,供货商编号)

• 用户表(用户编号,用户名称,用户密码,用户类型,部门经理)

• 会员表(会员卡号,会员姓名,会员电话,累积消费金额,注册日期,送货地址)

• 订单表(订单号,会员卡号,商品编号,订购数量,订购日期)

• 销售表(销售编号,商品编号,销售数量,销售单价,销售日期)

• 交易表(交易编号,商品编号,交易数量,销售单价,交易时间,用户名称,会员卡号)

- 库存表(入库编号,商品编号,入库数量,进价,总金额,入库日期,计划进货日期)
- 供货商表(供货商编号,供货商名称,供货商地址,供货商电话)

六、数据库及数据表

1.数据库

MarkDB。

2.数据表

数据表

表名	中文名	备注
MerchInfo	商品信息表	
User	用户表	员工信息
Member	会员表	
Orderlist	订单表	
Sale	销售表	
Dealing	交易表	
Stock	库存表	
Provider	供货商表	

商品信息表(MerchInfo)

字段名	字段描述	字段类型	长度	主/外键	字段约束	中文名
mid	MerchID	char	5	p	not null	商品编号
mname	MerchName	varchar	36		not null	商品名称
mcat	MerchCatogory	varhar	24		not null	商品类别
mprice	MerchPrice	dec	6、2		not null	进价
mnum	MerchNum	int			not null	库存数量
cnum	CautionNum	int			not null	库存报警数
pnum	PlanNum	int			not null	计划进货数
bcode	BarCode	char	13		not null	条形码
sprice	SalesPrice	dec	6、2			促销价格
sdates	SalesDateStart	date				促销起始日期

字段名	字段描述	字段类型	长度	主/外键	字段约束	中文名
sdatee	SalesDateEnd	date				促销终止日期
abate	AllowAbate	int			not null	允许打折
asale	AllowSale	int			not null	允许销售
pid	ProviderID	char	4	f	not null	供货商编号

注:mid＝两个类别字母+3位序号。

用户表(User)

字段名	字段描述	字段类型	长度	主/外键	字段约束	中文名
uid	UserID	char	5	P		用户编号
uname	UserName	varchar	10		not null	用户名称
upwd	UserPWD	varchar	8		not null	用户密码
utype	UserType	varchar	12		not null	用户类型
dmgr	Deptmanager	char	5			部门经理

注:用户类型可以有收银员、采购员、经理、库房管理员等;
　　uid＝两类别字母+3位序号。

会员表(Member)

字段名	字段描述	字段类型	长度	主/外键	字段值约束	对应中文名
mcid	MemberCardID	char	8	P	not null	会员卡号
mcname	MemberName	varchar	12			会员姓名
phone	Phone	char	11			会员电话
tcost	TotalCost	dec	7、2		not null	累积消费金额
rdate	RegDate	date			not null	注册日期
raddr	RMAddress	varchar	60			送货地址

注:mcid＝4年份+4位序号。

订单表（Orderlist）

字段名	字段描述	字段类型	长度	主/外键	字段约束	对应中文名
oid	Int	int		P	自动增加	订单号
mcid	Phone	char	8			会员卡号
mid	TotalCost	char	5		not null	商品编号
onum	RegDate	int			not null	订购数量
odate	RMAddress	date				订购日期

销售表（Sale）

字段名	字段描述	字段类型	长度	主/外键	字段值约束	对应中文名
sid	SaleID	char	20	P	not null	销售编号
mid	MerchID	char	5	F	not null	商品编号
sdate	SaleDate	date			not null	销售日期
snum	SaleNum	int			not null	销售数量
sprice	SalePrice	dec	6、2		not null	销售单价

注：sid＝日期（202010131727）+uid+3 位序号。

交易表（Dealing）

字段名	字段描述	字段类型	长度	主/外键	字段约束	对应中文名
did	DealingID	char	20	P		交易编号
mid	MerchID	char	5	P	not null	商品编号
dcnt	DealingCNT	int			not null	交易数量
sprice	SalePrice	dec	6、2		not null	销售单价
ddate	DealingDate	datetime			not null	交易时间
mcid	MemberID	char	10	F	not null	会员卡号
uname	UserName	varchar	10	F	not null	用户名称

注：did＝日期（202010131727）+uid+3 位序号。

库存表（Stock）

字段名	字段描述	字段类型	长度	主/外键	字段值约束	对应中文名
stid	StockID	char	16	P		入库编号
mid	MerchID	char	5	F	no null	商品编号
smnum	StockMerchNum	int			not null	入库数量
mprice	MerchPrice	dec	6、2		not null	进价
tprice	TotalPrice	dec	8、2		not null	总金额
stdate	StockDate	date			当前日期	入库日期
pdate	PlanDate	date				计划进货日期

注：stid＝日期＋uid＋3 位序号。

供货商表（Provider）

字段名	字段描述	字段类型	长度	主/外键	字段约束	对应中文名
pid	ProviderID	char	5	P		供货商编号
pname	ProviderName	varchar	54		not null	供货商名称
paddress	ProviderAddress	varchar	90			供货商地址
pphone	ProviderPhone	char	11		unique	供货商电话

注：pid＝两类别字母＋3 位序号。

[附录 II]

正则表达式

正则表达式（Regular Expression）也称作规则表达式，常简写为 regexp 或 RE，它是一个特殊的字符串，定义了一组字符串特征的模式，用来匹配特定的字符串。使用正则表达式可以实现比关系运算更灵活、更复杂的字符串匹配判断，或从字符串中获取需要的特定部分。现代编程语言如 Java、C++、PHP、JavaScript、Python 等和数据库管理系统 Oracle、MySQL、DBII、PostgreSQL 等都提供了对正则表达式的强力支持。

一个正则表达式由元字符和普通字符组成。元字符是指具有特殊含义的字符，在正则表达式中起定位、限定、修饰、分组等作用。普通字符是指字母、数字等，它们在正则表达式中就是其本意，没别的含意。

一、字面字符

字面字符即仅表示自身的普通字符，用字面字符构成的正则表达式，只要字符串的左边子字符串与正则表达式完全相同即匹配，如 abc123 表示字符串"abc123""abc12300""abc123tide"等能够匹配。

```
select ' abc123 ' regexp ' abc123 ';      -- 结果为 1
select ' abc12345 ' regexp ' abc123 ';    -- 结果为 1
select ' abc1234 ' regexp ' abc123 ';     -- 结果为 0
```

二、字符组

字符组是用方括号"[ ]"包围的若干字符，如[IiOoUu]表示该位置上字母 I、O、U 的大小写形式。若是字符集中连接的多个字符，可使用连字符"-"来简化书写，如用[0-9]来代替[0123456789]，[a-zA-Z]表示任意字母。

```
select ' m ' regexp '[a-z]';              -- 结果为 1
select ' M ' regexp '[a-z]';              -- 结果为 1，默认的排序规则不区分大小写
```

三、排除字符

符号"^"置于方括号的字符组前，表示排除，如[^0-9]表示非数字。

```
select ' fvar9 ' regexp '[^0-9]';         -- 结果为 1
select ' fvar9 ' regexp '[^0-9]{5}';      -- 结果为 0
```

四、选择字符

字符"|"表示匹配其两侧任意长度的字符串，如 meat|rice 表示字符串"meat"

"rice"中任何一个都可匹配。

select ' meat ' regexp ' meat | rice ';　　　　-- 结果为 1

五、数量限定符

数量限定符置于模式字符后面指示匹配前面字符的数量。

数量限定符

限定符	说明
?	0 次或 1 次
+	1 次或多次
*	0 次或多次
.	除换行符外的任意一个字符
{n}	n 次
{n,}	至少 n 次
{n,m}	至少 n 次,最多 m 次

select ' Te ' regexp ' Te? ';　　　　　　　-- 结果为 1

select ' T ' regexp ' Te? ';　　　　　　　-- 结果为 1

select ' T ' regexp ' Te+';　　　　　　　-- 结果为 0

六、位置限定符

^:表示字符串或行的开始位置。

$:表示字符串或行的结尾位置。

select ' mysql8.0.2 ' regexp '^m ';　　　　-- 结果为 1

select ' letter ' regexp ' er $ ';　　　　　-- 结果为 1

select ' theater ' regexp '^th[a-z]* er $ ';　　-- 结果为 1

select ' peaker ' regexp '^th[a-z]* er $ ';　　-- 结果为 1

七、小括号字符

小括号"()"的作用之一是改变限定符的作用范围,如(in|out)put 表示匹配字符串"input"和"output";如果没有"()",匹配的是"in"和"output"。

select ' input ' regexp '(in|out)put ';　　　-- 结果为 1

小括号"()"的作用之二是作为分组符,如([0-9]{3})[a-z]\1,分组从左向右,从 1 开始分配组号,在同一正则表达式的右方可用"\n"来引用分组匹配的子串,其中 n 是分组号。MySQL 的 regexp 运算符不支持此功能。

八、转义字符

要把正则表达式的元字符和控制字符作为普通字符,需要使用"\"构成转义字符来表示。正则表达式中使用的元字符包括:[、]、^、{、}、*、?、+、.、$、(、)、|、\共 14 个,当把其中之一视作普通字符时,需要前置"\"进行转义,如:\.表示普通的小数点字符,而不是代表除换行符外的任意一个字符的元字符。其他常用转义字符见下表。

转义字符

转义字符	说明	转义字符	说明
\a	报警字符(0x07)	[\b]	退格符(0x08)
\e	Esc 字符(0x1B)	\f	换页符(0x0c)
\n	换行符(0x0A)	\r	回车符(0x0D)
\t	水平制表符(0x09)	\v	垂直制表符(0x0B)
\xhh	十六进制 ASCII 码	\ddd	八进制 ASCII 码
\uhhhh	十六进制 Uncode 码	\cx	Ctrl+x,x 为任意可能字符
\b	单词边界	\B	非单词边界
\d	数字字符	\D	非数字字符
\s	空白字符	\S	非空白字符
\w	单词字符	\W	非单词字符

注意:MySQL 的 regexp 运算符并不完全支持所有正则表达式特性,可以通过网络学习更多正则表达式的使用。

［附录 Ⅲ］

字符集

　　字符是各种文字和符号的总称,包括各个国家、民族的文字、标点符号和其他特殊符号。字符是一些图形符号,为了在计算机中存储、处理和传输,需要把字符按一定的规则,转换成计算机可识别的一串二进制位串,这称为字符编码。不同的国家出于不同的应用目的制订了多种编码方案,不同的编码方案能表示的字符是有区别的,甚至是不兼容的。一种编码方案能表示的字符的集合就称为字符集(Character Set)。

　　在信息技术发展过程中,形成了多种字符编码方案和对应的字符集,常见的有ASCII 码、Latin1 码、GB2312 码、BIG5 码、GBK 码、GB18030 字符集、Unicode 码等。

一、常用编码简介

1.ASCII 编码

ASCII(American Standard Code for Information Interchange)称为美国信息交换标准代码,是基于拉丁字母的一套编码方案,主要用于表示现代英语和其他西欧语言文字符号。采用一个字节编码,基本 ASCII 码(0—127)共 128 个,扩展 ASCII 码(128—255)共128 个,总计可表示 256 个字符。

2.GB2312 码

GB2312 码是信息交换用汉字编码字符集,适用于汉字处理、汉字通信等系统之间的信息交换。基本集共收入汉字 6 763 个和非汉字图形字符 682 个。整个字符集分成94 个区,每区有 94 个位。每个区位上只有一个字符,因此可用所在的区和位来对汉字进行编码,称为区位码。中国内地几乎所有的中文系统和国际化的软件都支持 GB2312 码。

3.GBK 码

GBK 全称为汉字内码扩展规范,是在 GB2312-80 标准基础上的内码扩展规范,使用了双字节编码方案,共 23 940 个码位,共收录了 21 003 个汉字,完全兼容 GB2312 码。

4.Big5 码

Big5 又称为大五码或五大码,是使用繁体中文最常用的汉字字符集标准,共收录13 060 个汉字,其通行于中国台湾、香港与澳门等繁体中文区。

5.GB18030 码

GB18030 是信息技术中文编码字符集,是我国制订的变长多字节字符集。完全兼容 GB2312,与 GBK 基本向后兼容,并支持 Unicode(GB 13000)的所有码位。GB18030

共收录汉字 70 244 个。

6.Unicode 码

Unicode 是国际组织制订的可以容纳世界上所有文字和符号的字符编码方案,称为国际统一编码,俗称万国码。Unicode 是为解决传统字符编码方案的局限而产生的,它为每种语言中的每个字符设定了统一并且唯一的二进制编码,以满足跨语言、跨平台进行文本转换、处理的需求。

Unicode 字符分为 17 组,每组称为平面,每平面拥有 65 536 个码位。目前只用了少数平面,包括 utf8、utf16、utf32、utf8mb4。

(1)UTF-8 码

UTF-8(Unicode Transformation Format　8 位元)是针对 Unicode 的一种可变长度字符编码。它可以用来表示 Unicode 标准中的任何字符,而且其编码中的第一个字节仍与 ASCII 相容,使得原来处理 ASCII 字符的软件无须或只进行少部分修改后,便可继续使用。因此,它逐渐成为电子邮件、网页及其他存储或传送文字的应用中,优先采用的编码。UTF-8 编码一个英文字符占用一个字节的存储空间,编码一个中文占用 3 个字节的存储空间。

(2)UTF-16 码

在 UTF-16 编码中,存储一个英文字母字符或一个汉字字符都需要占用 2 个字节的存储空间,Unicode 扩展区的一些汉字存储需要 4 个字节。UTF-16 却无法与 ASCII 编码兼容。

(3)UTF-32 码

在 UTF-32 编码中,任何字符的存储都固定占用 4 个字节的存储空间。存储空间利用率低,使用不多。

(4)UTF-8mb4 码

UTF-8mb4 码是 UTF-8 的超集,完全兼容 UTF-8 编码,mb4 就是 most bytes 4 的意思,可表示 4 字节的 Unicode 字符,包括一些不常用的汉字和在通信中使用的视觉情感符号(emojji,俗称"小黄脸")。UTF-8mb4 是 MySQL8 默认的字符集。

二、排序规则

排序规则指定了表示每个字符的位模式,还指定了用于排序和比较字符的规则。排序规则具有区分语音、区分大小写、区分重音、区分假名等特征。

常见字符集与排序规则见下表。

字符集与排序规则

字符集(charset)	排序规则(collation)	说明
utf8mb4	utf8mb4_0900_ai_ci	不区分大小写和重音
	utf8mb4_0900_as_cs	区分大小写和重音
	utf8mb4_bin	仅比较编码值大小
utf8	utf8_general_ci	不区分大小写
	utf8_bin	仅比较编码值大小
gb2312	gb2312_chinese_ci	不区分大小写
	gb2312_bin	仅比较编码值大小
gbk	gbk_chinese_ci	不区分大小写
	gbk_bin	仅比较编码值大小
gb18030	gb18030_chinese_ci	不区分大小写
	gb18030_bin	仅比较编码值大小

在 MySQL 中使用命令 show variables like '% charset% ' 和 show variables like '%collation%'可查看当前使用的字符集和排序规则。

在创建数据表时,通过 engine 子句来设置表的默认字符集和排序规则。

engine=inodb default charset=utf8mb4 collation=utf8mb4_0900_ai_ci

如要永久修改请编辑配置文件 my.ini 中的相关选项。